# CEO徹夜未眠真心話

## 我如何在困難中
## 摸索、思考、突破的內心告白

何飛鵬
《商業周刊》超人氣專欄作家
暢銷書《自慢》系列作者

## 作者簡介

# 何飛鵬

城邦媒體集團首席執行長，媒體創辦人、編輯人、記者、文字工作者。擁有三十年以上的媒體工作經驗，曾任職於《中國時報》《工商時報》《卓越雜誌》等媒體，並與資深媒體人共同創辦了城邦出版集團、電腦家庭出版集團與《商業周刊》。

他同時也是國內著名的出版家，創新多元的出版理念，常為國內出版界開啟不同想像與嶄新視野；其帶領的出版團隊時時掌握時代潮流與社會脈動，不斷挑戰自我，開創多種不同類型與主題的雜誌與圖書。

曾創辦的出版團隊超過二十家，直接與間接創辦的雜誌超過五十家。

著有：《自慢：社長的成長學習筆記》《自慢2：主管私房學》《自慢3：以身相殉》《自慢4：聰明糊塗心》《自慢5：切磋琢磨期君子》《自慢6：自學偷學筆記》《自慢7：人生國學讀本》《自慢8：人生的對與錯》《自慢9：管理者的對與錯》《自慢10：18項修煉》《主管的兩難抉擇》。

Facebook粉絲團：何飛鵬自慢人生粉絲團（facebook.com/hofeipeng）

部落格：何飛鵬——社長的筆記本（feipengho.pixnet.net/blog）

序

# 徹夜難眠學管理

我三十四歲創業，到今年正好三十五年，這三十五年，我永遠記得自己是一個不會帶人、不會建立團隊、不會經營公司的人。從一開始把公司經營得一塌糊塗，每年鉅額虧損，迫使我自己不得不靜下心來學習經營管理，從不斷地檢討中，慢慢一窺經營管理的堂奧，漸漸變成一個擅長經營管理的人。

在努力學習經營管理的前二十年（大約到我五十歲出頭），我印象最深刻的就是經常為了經營公司出現的問題，而徹夜難眠，常常連在睡夢中都在思考公司問題的解決方案，有時候想到一半驚醒，隨即拿出紙筆，記下重點，以免第二天醒來忘記。

這是經常徹夜難眠的二十年。日日伴隨著經營管理的二十年。

我就是用徹夜難眠思考管理問題，學會經營管理的。

每當我遇到一個管理問題，我就會不斷思考，把這個問題徹底拆解，從各種面向、各種可能不斷推演，一天想不清楚，就過夜繼續想，一過夜，就難免徹夜難眠，在睡夢中繼續想，有時候要想好幾天，一直到我自己找到認為是好的解決方案，並把它付諸實施，也證實是好的解決方法，思考才會結束，問題也才會解決。

這種現象，三不五時就會遇到，公司裡的問題層出不窮，或大或小，總是不斷地考驗我，我也就不斷地重複這個過程：（一）遇到問題；（二）徹底思考拆解；（三）歷經徹夜未眠；（四）找到可能的解決方案；（五）付諸實施，並觀察結果。如果效果不佳，又回到徹底思考，再歷經徹夜未眠，再找到解決方案……

有時候問題單純，我很快就找到解決方案，但有時候問題複雜，要歷經來來回回數次，仍然找不到最佳解，這時候，我就要啟動其他的解法：讀書與請教前輩、專家。

找一本書、尋找解答，是我最常做的。但是要針對問題，定向找書解答，並不容易，因為每一位作者寫書，有其各種動機，也有其內容，並不見得是針對我面臨的問題而提供解答，所以我只能找相關的書去看；經常讀了很多書，都無法切中要害，但這些知識都會變成我腦中的管理知識庫，變成我未來解決問題的參考。

我發覺我書讀得越多，對未來解決問題的幫助越大，經常在我發現新問題時，我已經想起了在某一本書中，有提到相關的解決方案，我很容易重新找到這本書，仔細再讀一遍；讀書是我非常重要的問題解決方法。

與人聊天、詢問專家，又是另一種解決方法。由於經營雜誌的關係，我經常會遇到各種不同的企業家、經營者，他們經常會談起他們的經營經驗，我常從其中得到啟發，我也會針對我遇到的問題，提出詢問，他們不見得都能提供解答，但是或多或少，都可觸類旁通，得到一些想法。

管理學者是我另一類得到許多養分的對象。管理學者未必有實務經驗，但他們都擁有豐富的學理，可以拆解各種管理知識；他們講的各種道理，經常讓我從實務的經營中得到印證，我也嘗試著把他們述說的學理，應用到實際的經營中。我非常喜歡找學者聊天，每次都有很大的收穫。

從三十四歲到五十多歲的二十年之間，我就這樣，每天在公司中遭遇問題，徹底思考拆解，歷經徹夜未眠，找到解決方案。我可能把經營公司會遇到的所有問題，都已經歷經過一遍，日子久了，問題有越來越少的跡象。但是不可能沒有問題；公司是人的組合，一樣米養百樣人，各種不同的人的組合，就會出現千變萬化，就會產生各種問題，我仍然在面對問題、解決問題。

後來，我開始在每期的《商業周刊》中寫出我的管理試誤經驗，得到許多讀者的回響，他們會和我一起探討，也告訴我從我的經驗中他們得到很大的啟發，有的人甚至和我分享，說我的文章改變了他們的一生，讓他們能重新出發，我這才發覺我的經驗是寶貴的。雖然我的經驗都是從一個問題開始，由我自己嘗試找出解答，在解答的過程中，難免經過試誤，也走過冤枉路，但最後都能得到一個可能的解決方案，這至少是我走過的一條路，至少有跡可循，任何人都可以參考。

我發覺每個人會遇到的問題都是一樣的，會迷惑、會困擾、會犯錯、會誤入歧途、會得罪人、會做錯事、會不知如何下決定……一旦遇到這些問題，每一個都要思考、都要嘗試解決，最後也都會過去。只是有人解決得好，順利過關，然後繼續成長高飛；還有些人解決不好，從此陷落折翼。每個人都在學習，都在找答案，而我的文章，就是其中一種解決方案。

我也發覺公司中所發生的問題都是一樣的。有一次某位老闆，打電話來邀約我見面吃飯，我因為不認識他，甚為納悶，因而猶豫不決。但是他邀約再三，情意懇切，所以我決定應約。見面時，從頭到尾都在談我專欄寫作的內容，說他甚有啟發，最後他問了我一個關鍵性的問題，是不是我有認識他們公司內的高級主管？他很懷疑，為什麼我經常寫到的內容，就是他們公司內那週所發生的事呢？

事實上，我完全不認識他們公司的人，也不知道他們公司發生了那些事。我寫的內容都是我公司內發生的，卻與他們公司雷同，我的結論是，一個問題在一個公司出現，其他所有的公司也都可能出現類似的問題，所有的管理經驗都可以借鏡參考。

這本書是我徹夜難眠數十年的經驗結晶，是我做為一個領導者、CEO、管理者、主管的內心告白，每一篇都有故事、有場景、有解決方案、有啟發，當然每一篇都不見得是標準答案，但可以提供讀者參考。

## 目次

## 第二章——如何做生意

## 第三章——如何經營



## 第四章——如何管理

## 第六章——如何做事 199

## 第七章——如何帶人、用人

第一章

# 如何做老闆

# 如何做領導者？

領導者要帶領團隊，完成組織交付的任務，必須要有舉止合宜的角色扮演，各種如何做領導者的書籍，已經多所著墨，在這裡不是要陳述領導者的必要規則，而是一般而言，領導者會疏忽的事。

收錄的七篇文章，完全是我個人的親身體驗，有小事，有大原則，提供讀者參考。

# 1 大老闆如何帶領可信任的主管

前言：

經營公司，如何找到對的人是最重要的事，但是找到對的人，要如何相處，如何對待，又是另一門學問。而建立百分之百可信任的關係，又是對待對的人最重要的方法，從批公文的完全信賴，到交付任務的信賴，都是建立信任關係的具體表現。

我有一個非常幹練的部屬，他是我們公司的總經理，幫我打理一切內部營運事務，任何事交到他手上，就可以一切搞定，我對他是完全的信任，幾乎可以完全不用管理。

公司所有內部事務，他負責了行政、財會、人事、ＩＴ、業務，除了不負責產品的生產，他幾乎管了所有事務。我對他的信任可說是百分之百，從以下互動，就可看出我們之間的信賴。

一、所有我該批閱的公文，我只要看到他的簽字，幾乎就完全不用費心，就是閉著眼睛簽字，而且這麼多年來，他完全沒給我帶來任何困擾。

二、他所負責的雖然都是成本中心的單位，但是每年仍然有預算，而預算大都是在管控各種成本，他幾乎年年都達成預算。有些年我特別嚴格要求要降低成本，下了重手要求他們達成目標，他雖然面有難色，但是到年底，他也勉力完成了我的要求，讓我刮目相看。

三、在交付任何新任務時，我除了說明目標及大方向之外，完全不用多說，他都能心領神會，掌握工作重點，如期交出我期待的目標，讓我領受到說到做到的快感。

有一次我和他單獨吃飯，我不禁有感而發。我告訴他：謝謝他這些年來的努力，我非常滿意和他一起工作的狀況，能和他一起工作，是我一生最大的幸運。

沒想到他聽了我這樣說，回答了令我意外的話，他說，我完全不用感謝，因為他的工作完全是針對我的態度，所做出來的回應。他說：「遇到了一個百分之百信任的老闆，我怎能不湧泉以報呢？」

他還告訴我，他之前遇到的老闆，要不就是龜毛，要不就是過度小心、注重細節，導致他應付起來十分辛苦，經常要小心謹慎。自從和我一起工作後，他終於感受到隨心所欲的樂趣，做起事來格外賣力。

聽了他的話，我也說出我心裡的話：我的信任是視人而定的，我並不是對每一個主管都是這樣信任，我只對成熟幹練的主管，才會給予百分之百的信任。

對於新升起來的主管，表面上我雖然是充分信任的態度，可是事實上我預留了許多檢核的關卡。以批公文為例，對於非例行性的公文，我都會看得十分仔細。必要的時候，我還會請主管前來詢問，一直到真正弄清楚，我才會在公文上畫押。

又如每年檢討預算，我也會仔細分析主管的達成狀況，只有在他達成目標預算時，我才會逐步放大我對他的信任。

在交代新任務時，我除了說明目標之外，我還會交代許多關鍵性的細節，我不能放心讓沒有完全信賴的主管自由心證，放手作為。

唯有當主管通過了這些考驗，成為讓我可以信任的人時，他們才會享受到被充分信任的待遇。

大老闆對部屬要有不同的信任方式，只有少數人可以完全信任。

**後語：**

❶ 對完全信賴的人，還是要建立適當的檢查站，對規模較複雜的任務仍然要適時介入檢查。

❷ 找到完全信賴的人，必須經過循序漸進的檢查，才進一步放寬信賴。

# 2 信任是最大的力量來源

前言：

經營企業必須要建立上下之間可信賴的組織文化，管好財務與法務，其餘的工作都可交由直線主管負責，這是組織信任的基本原則。

適當地建立核決權限，用金額的大小，來賦予權限。

二〇〇一年台灣的城邦公司把大部分股權賣給了香港的李嘉誠，開啟了台灣城邦成為跨國企業的海外子公司之路，這是一個很特別的企業經營經驗。

在交易之初，我身為當事人，非常好奇這位被稱為李超人的經營之神，將如何管理他完全不了解的媒體產業，而且是跨海遠距的監管方式？

我唯一能確認的是在交易之初，李先生的承諾：他為什麼要買城邦？是因為他信任我們是最專業的媒體經營團隊，而且擁有最誠信正直的人格，所以他會完全放手經營。

果真香港來的監管人員除了一位執行長，只有另兩位人員：一位是財務，一位是法務。李先生的說法是：跨國營運，只要管住財務與法務就不可能出大錯，所有有關媒體營運的實務，他們完全不懂，也不需要懂，只要完全信賴我們就可以了。這樣的信賴，令我們感動，當有人推心置腹時，我們怎能不粉身碎骨以報！

接著香港來的代表只和我們議定了概括的核決權限（**Level of Authority, LOA**）：單筆支出超過新台幣一百萬，才要報告香港母公司核准。

當時我們就反映，一百萬不夠，因為我們每個月都有例行的印刷、紙張費支出，都超越一百萬，那要逐筆呈報，太過麻煩，也沒有必要。

李先生的代表很和善，經協商後，立即同意，原有的一百萬規定不變，但加一條例外條款：如屬經常性的支出不在此限，可放寬到新台幣四百萬，才需要呈報香港核准。

這樣就解決了我們授權的困擾，也開啟了未來二十年，香港充分信任授權、台灣團隊努力打拚之路，也創造了台灣城邦二十年來，年年獲利賺錢的輝煌成果，也不負李先生對我們的信任，他對台灣的投資，也早就回本。

而且我非常尊敬李先生的識人之明，代表他的香港監管者，每一位都英明睿智，也都能秉持李先生信任的態度，留給台灣團隊最大的營運空間，用最低密度的管理方式，讓我們能放手打拚，完全無後顧之憂。

這是李先生跨國管理的大原則，但除此之外，也還有一些小事，可顯示出李先生跨國經營的一些奧妙。

如長實和黃內部有一條潛規則，就是各子公司執行長皆不可買公務車，只能買公務用貨車；要買轎車，需呈報董事會核准。

我不知道此規定的原因，但揣摩公司原意，應該是避免子公司主管圖利自己、購買豪華轎車，這也可見李先生管理的細微面。

另有一條規定是，子公司如有對外投資，就算只是投資一塊錢，也要呈報董事會決定。

這幾乎是禁絕了對外投資之路，但又不是禁止，保留了董事會同意核准的彈性。這也確保了李先生的公司能專注本業、不隨便擴張的原則。

二十年來城邦能穩健經營、長保獲利，我自己確信，這是來自李先生的信任，信任能發揮最大的力量。

**後語：**

❶核決權限的議定，也可以經過討論，來決定金額的大小，以避免干擾直線主管的工作。

❷信任也是領導人必備的特質，不要事事干預，讓工作者可以放手做事。

❸信任之外，組織也可以訂定絕不可以做的事，如公司不對外保證等，以杜絕弊端發生。

# 3 老闆千萬不要好為人師

前言：

身為老闆的人，理論上都有較乎團隊更強的能力，這是通則。但老闆千萬不要好大喜功，要求部屬一定要照自己的方法做事，千萬不要事事好為人師，對任何事情都要發表意見，以表現自己的高明。

一個新創團隊被一家規模龐大的傳產公司購併，正當大家都在慶幸有個好歸宿時，傳產公司的大老闆卻要求參加新創公司每週舉行的主管會。

可是從第一次開會開始，大家立刻發覺，這位大老闆完全不了解新創團隊所處的網路生態。他經常打斷議程，主管們礙於他的職位，也只能耐著性子說明。

更困擾的是，大老闆雖然不懂網路，卻經常提出各式各樣的意見，講得興高采烈。但這些意見不是偏離主題，就是不合時宜，甚至有些明顯不可行，與會主管都不知如何回應。

大老闆參與會議，變成這個新創團隊的夢魘。

這是身為最高決策者應該戒之、慎之的問題。大老闆是全公司仰望的決策者，發言往往被視為聖旨來遵行，出口即一言九鼎，就算說錯了話、下錯了指令，團隊也不敢抗拒。一旦出錯，會差之毫釐、失之千里，變成難以挽回的錯誤。所以大老闆永遠要謹言慎行！如果沒有絕對的把握，最好是「免開尊口」。

我曾有類似的經驗，十年前我們公司購併了一家網路公司，由於我對網路公司不了解，為了快速進入狀況，便要求參加他們每週的主管會。但是我總是一言不發地旁聽，起初有許多不懂的地方，我也不會插嘴，深怕打亂他們開會的節奏。我默默記下不懂的問題，會後再請教相關主管，私下慢慢學習。

就這樣，我靜靜地旁聽了半年，才逐漸進入狀況，也才敢在會議表達我的意見。我還特別向大家強調，我的意見可能不合時宜，除非他們也認同，否則不一定要遵行。

就算如此，我也還是謹言慎行，不敢隨意發言，除非我對自己的意見有十足把握，否則寧可不開口，以免損及最高決策者的威信，還可能鬧出笑話。

大老闆在組織的生態系中，位居最頂端，話一出口，萬眾奉行。因此，大老闆往往會享受一言九鼎的滿足感，部屬也會阿諛奉承「老闆英明」，日子久了，大老闆就會養成「好為人師」的習慣，所有部屬都會事事問老闆，大老闆也會事事有意見，陷入自我感覺良好的循環。

當組織變成「老闆說了算」的一言堂時，組織犯錯的災難就形成了。身為最高決策者，一要謹言慎行，除非有十足把握，否則不必開口；二是對自己不懂的領域，千萬不要貿然發言，放手交給專業；三要戒除好為人師的習慣，不要任何事都想下指導棋。

**後語：**

❶遇到自己不熟悉的事，就應該閉嘴，讓專業的團隊來發揮所長。

❷老闆是最後的決策者，一旦說出口，就要確定是對的事，對沒把握的事絕對不要輕易發表意見。

❸記住，老闆不是萬能的，不要事事想教人。

# 4 我們都是經營者！

前言：

做執行長的人，最重要的事就是把全公司的單位主管都訓練成經營者，每個人都以公司的盈虧為己任，如果能做到這樣，就是最成功的執行長。

我的公司已經接近這個境界，我的主管們，都是能負成敗責任的人，他們有時候比我還在乎公司賺錢與否。

有一年年底，因為全年的業績還不錯，已經超額達成，我想今年應可以放緩腳步，保留一點實力，為來年做一些準備。所以我下令所有的主管，不要再衝刺業績，移一些業績到明年上半年。

可是指令一下，幾乎沒有人理我，所有的單位持續做出業績，不斷地創新高，結果那一年，我們比預算增加了五〇％獲利，大家都領到極豐厚的獎金。

我問所有主管，為什麼不聽我的話，要持續衝業績？

「何先生，你把我們訓練得太好了！我們每個人都是負責任的經營者，衝刺業績是我們最重要的任務，能做業績時，我們根本不可能停下來，當然只有衝刺到底了！」這是他們的回答。他們每一個主管都是自主的經營者，把生意極大化是他們的天性，誰都不可能改變！

我完全沒有因為他們違反了我的指令生氣，我也很高興地享受了當年度業績大幅超前的榮耀，我更驕傲自己教出了一群能全力以赴為公司打拚的自主經營者。

經營公司的最高境界，就是員工把公司看成是自己的，全力為公司省下每一塊錢，並努力為公司多賺錢。我沒辦法做到每一位員工都有這種想法，但至少做到了五〇％的核心團隊會這樣想，所以當我要求他們放緩腳步時，他們完全不理我，持續衝刺！

這是我花了許多年的功夫才有的結果，我把所有心力都放在核心團隊。

我的方法很簡單，先從各營運單位的負責人（BU head）下手，把他們訓練成獨立自主的經營者，然後再透過他們，把其下團隊的核心幹部也變成擁有公司整體利益觀念的經營者，而這一群人就是我們全公司最重要的核心團隊，也是我們公司營運的火車頭。

我先讓所有的核心團隊知道，我們公司是創業合作社，由一群對內容有想法的人合作創辦的；我們沒有絕對的大股東，所以沒有人會以大老闆的身分來苛扣員工，做出有理想、有意義的事，是公司最大的目標。而要完成這個目標，最重要的就是要讓公司平衡、賺錢。

公司平衡、賺錢以後，會提撥很大一部分的獲利，當作員工的績效獎金，大多數的人都可以從中拿到一筆豐厚的獎金，所以，公司中的每一個人，都要把公司當做是自己的，覺得自己就是負責任的經營者，努力為公司賺錢，這樣才領得到獎金，也才能完成我們對內容產業的理想！

我一方面在公司推廣這樣的觀念，另一方面不斷慎選團隊主管，並訓練他們成為一個負責任的主管，進而再影響他們的團隊，讓他們想的、做的事都一樣。久而久之，我就擁有一群把公司當成自己的核心團隊。

**後語：**

❶要做到這樣，最重要就是要讓所有的主管對盈虧有感覺，只要公司賺錢，他們都能從其中獲利，自然就會在乎公司是否賺錢。

❷公司還要做到財務報表公開，讓所有的人都可以看到公司營運實況，這樣才會有感。

# 5 先把自己變成超級業務員

前言：

如果公司長期的問題是產品賣不掉、找不到好的業務員，那公司的執行長最重要的責任就是把自己變成超級業務員，去把產品賣掉，做出好的示範，做出生意。

就算老闆自認為不適合當業務員，但如果缺乏營業員是公司最大的問題，那執行長要負責公司成敗，就是自己去做銷售。

一個創業多年的年輕創業家請教我，如何才能有效建立業務團隊，做出他所期待的業績。他去年目標設定要做到損益兩平，但因業務推廣不順利，仍然出現虧損。

我問他：「原先設定的目標，與實際做出來的成果落差很大嗎？」他說：「沒有，也就落差個一千多萬元吧？」

我再問：「是業務人員不夠，還是業務人員的質不好？」他回答：「業務人員的質不佳，缺乏好的銷售人員。」

「是找不到好的銷售人員嗎？」我繼續問。他說：「因為產品不好賣，而且薪資福利不夠好，所以好的銷售人員進不來；就算進來了也留不住，所以公司永遠在找銷售人員，永遠補不齊。」

這是大多數新創公司的困難：產品還不夠好，不太好賣，薪資給不起，好的銷售人員進不來，公司永遠在找銷售人員，永遠缺好的銷售人員。

我再問他：「你有下去負責實際的銷售業務嗎？」他說「沒有」，他負責公司的整體管理。我又問：「現在公司中最重要的事情是什麼？」他想了想，回我：「現在最重要的事就是把產品賣掉，把業績做出來。」

我告訴他，「你現在最應該做的事，就是自己跳下去做業務，把自己變成超級業務員，這樣你公司的問題就能解決了，你們很有機會今年就立即可以損益兩平。」

他懷疑地看著我：「可是業務不是我擅長的，我真的能做業務嗎？」

我告訴他，「你公司現在這個狀況，就是缺乏好的業務人才，可是外界的人才，礙於環境、薪資水準而進不來，要從市場上找到可用的、好用的人才，幾乎是不可能。花時間找人才，只是浪費時間，你自己跳下去做是最直接了當的方法。

「既然公司其他部門都算正常，當然應該全力推廣業務，更何況你對公司是最了解的，對產品你也最了解，你對公司也一定有最大的熱情，你下去賣東西一定會發揮最大的威力。」就算剛開始對業務不熟悉，但業務技巧是可以學習的，只要做下去，就會慢慢熟悉。

「等你變成超級業務員，再把你開發出來的方法、知識，予以文字化、系統化，有效教導其他的業務人員，讓他們也變成超級業務人員。」以我過去的經驗，一個好的業務，一年做兩千萬並非難事。更何況，這家公司去年只差一千多萬的業績，如果有一個超級業務員，要補足這業績並不難。

這個創業家，把心力用在找人，忘了自己也可以做業務，只要他先把自己變成超級業務員，事情就解決了。

**後語：**

❶許多公司的負責人都是公司最大的銷售員，也是身先士卒在第一線執行銷售的工作。

❷領導者負責公司成敗，如果公司的產品已經沒有問題，剩下的只是銷售，那就要自己跳下去，不論自己適不適合銷售，都要下去做，要設法學會。

# 6 老闆身先士卒，團隊將士用命

前言：

當企業遇到經營危機時，老闆首先跳出來身先士卒，然後激起所有員工的士氣，全員將士用命，創造了不可思議的業績，也改變了公司的命運。

這是在肺炎疫情席捲全台時發生的故事，這家公司生產的是鳳梨酥，老闆也是一個不按牌理出牌的人，當他喊出十二萬盒不可思議的目標，再自己認領了三萬盒的目標時，全公司都動起來了。

最近聽到一個非常精彩的故事。

台灣一家知名糕餅業者，過去一向依賴觀光客購買伴手禮，業績一向長紅。可是今年因為肺炎疫情，國外觀光客幾乎絕跡，導致業績大幅衰退了六成左右。過去中秋節時他們也販售月餅，每年大約有四萬盒銷量。

今年中秋節，這家公司的老闆就想靠月餅多做些業績，以平反敗局。事前他就問團隊，今年月餅業績目標要賣多少量啊？團隊沒有信心，報出來的目標也就環繞著四萬盒上下遊走，最多的人也不過估到六、七萬盒；這個目標完全不是老闆心中所想的，最後老闆自己喊出一個目標：十二萬盒，這讓所有團隊成員都大吃一驚。

老闆向大家解釋，今年因為疫情，業績低迷，如果沒有比較有想像力的目標，今年勢必陷入虧損，如果要不虧損，月餅就起碼要賣十二萬盒，公司才能勉強平衡。

聽了這話，團隊仍然半信半疑。老闆進一步說話了：我們整個團隊要認領這十二萬盒的責任額，每個人都要說出自己的目標，而且也要設法做到。

「我自己先認領三萬盒，」老闆開口說出自己的責任額，「我會打電話給我所有朋友，要他們購買我們公司的月餅。」老闆身先士卒喊出了自己的目標。

接著公司的總經理、副總經理、經理、店長以至於所有員工們，也都說出自己認領的目標責任額，總經理一萬，副總五千、經理三千，一直到基層員工至少也要認領幾十盒，從此公司展開了一場月餅販賣大作戰。

每一個人都士氣高昂，每一個人都想盡所有方法賣月餅，除了原有通路加強促銷，更重視人際關係的社群銷售，就這樣，全公司像炸了鍋一樣熱鬧起來，各種好消息頻傳，業績也就日益高漲。

有一天一個員工外出送貨，車子在路上與人擦撞，這位員工雖然沒有錯，但態度十分良好，就拿了一盒月餅送給對方，沒想到對方是個大老闆，十分感動，竟然就開口訂了一千盒，這位員工喜出望外。

這真是應了所謂的吸引力法則：當我們下決心要完成一件事時，全世界就會來幫你。

就這樣，月餅的業績不斷地向上攀升，到中秋節結案，全公司竟然賣了十六萬盒月餅，順利完成今年免於虧損的目標。

這是一個充滿激勵的好故事，其中也包含了發人深省的啟發。

其一是老闆的雄才大略，喊出十二萬盒，是去年三倍的目標，喊出這樣的目標代表老闆具有高度的企圖心。

其二是老闆喊出自己認領三萬盒的目標，這種身先士卒的態度，感動了團隊，也激起全公司的士氣，當老闆身先士卒時，全公司怎能不將士用命呢？

其三則是有效地分配責任額，將目標落實到每個團隊成員身上，這樣才能有效完成不可思議的目標。

**後語：**

這個故事的重點不是老闆先認領三萬盒，老闆是應該的，公司是他的，可貴的是員工全體動員起來，人人有份，每個人都盡心盡力，當大家都投入時，就會有奇蹟出現，連一場車禍都會賣掉一千盒。

# 7 我是和藹可親的，不用怕我！

前言：

長官一定要嚴厲，才能樹立威望，下達指令時才能一言九鼎；但如何塑造親民形象，也是長官應具備的另一種印象。

工作時嚴厲，說一不二，但是私下相處時，長官最好面帶微笑，以消除部屬的緊張，這可以改善上下之間的關係。

從年輕的時候開始，我對所有長官都抱持著極尊敬的態度，當有機會和他們接觸時，永遠是戰戰兢兢、小心謹慎，我常覺得因為自己太緊張了，以至於講了不該講的話，或者該講的話沒講。

這種對長官的尊敬，並沒有因我年歲的增加，或者職位的提升而有所改變，雖然我已經變成大多數人的長官，可是每當見到長官，或者長輩時，我仍難免緊張。

我的一生都在克服長官恐懼症，我一直在努力學習如何以平常心面對長官和長輩。

嚴格來說：我是從與部屬的相處中，學會如何面對長官。

許多部屬見到我，就和我見到長官一樣緊張，開會時講話結結巴巴；當我交代事情時，只知點頭稱是，也不敢問問題，以至於對我交辦的事情，往往無法一次辦好，總要來來回回修正好多次，才能勉強完成。我知道他們不是不努力，只是因為面對我這個長官，不由自主地緊張而已。

為了化解他們的緊張，我會努力面帶微笑，並且告訴他們：不要緊張！

後來我遇到了一些八〇末、九〇後的年輕工作者，卻遇到完全不一樣的狀況：他們似乎完全不怕我，也不會緊張，對我交代的事情，他們有完全不一樣的對待方式。

例如：我要他們做開會紀錄，他們會問我，要做成什麼樣的紀錄，要鉅細靡遺的逐字稿呢？還是只要重點紀錄？抑或者只要記結論？他們似乎完全不當我是長官，只是當同事一樣討論。

再例如：我要求他們做一個產品的可行性分析，他們會來問我，我期待什麼結果？希望多了解市場動態呢？還是要強調我們公司的競爭優勢？他們會提出許多問題問我，十分直接了當，有問題就直接溝通清楚。

有時候，在溝通的過程中，他們說話直接的程度，甚至可能讓我這個長官覺得並不很舒服，只不過因為都是對事不對人，我這個長官也只能一笑置之。

跟這些九〇後的年輕人相處，讓我一生的「長官恐懼症」迎刃而解。我發覺在年輕人眼中，他們只著重在做事，眼中幾乎沒大沒小，大家都是同事，任何問題都可以直接溝通，完全不需要有任何顧忌！

這是「說大人，則藐之」的態度，職場中職位雖然有高低，但是在工作互動時，大家都是工作者，有任何想法都可以直接討論，把話講清楚、說明白，大家才好做事。不要因為對方是長官，天威難測，只能去猜測對方的心思，增加了溝通的複雜度。

我開始交代所有部屬，任何事都可以「聽清楚、問明白、探緣由」，對我交代的事，都可秉此原則，仔細溝通，我是和藹可親的，不用怕我！

**後語：**

❶大多數員工都會有「長官恐懼症」，長官和藹可親的態度方可降低員工的緊張。

❷對年輕的一代，他們比較隨性，可能對長官有不恰當的行為舉止，身為長官的人，也要有容忍的雅量。

第二章

# 如何做生意

# 如何做生意？

每一個領導者，都要為公司負成敗責任，要負成敗責任，就要會做生意，做生意就要知道從哪裡找出錢來，怎樣做才能把公司經營上軌道，也要知道做什麼生意，未來才會有前途，更要知道如何組織團隊，找到最好的人一起工作；還要知道何時該踩油門，何時該踩煞車，最後還要掌握團隊的心理狀態，這樣才能成為一個好的生意人。

# 8 先會創業，再會創新

前言：

當今的創業者，都強調創新，想出一個殺手級的產品，想出一個創新的生意模式，開發出一套全新的科技，然後向投資人募資，如果能募到資金就雞犬升天，大手筆花錢，完全不了解創業的真相；事實上會創新的人，更應知道如何創業。

一位年輕的創業家來聊創新經驗。這位創業家在兩年多前拿到天使輪的投資後，很安穩地全力衝刺了兩年，最近因資金將用罄，又開始努力募資，新的投資人給的建議是：營運模式尚待摸索，所以給了一個不高的估值，迫使這位創業家重新思考經營策略。

我仔細了解他的營運實況後，發覺他一年已有幾千萬的營收，可是去年仍然賠了幾百萬元，而對應他的營運實況，如果他減少不必要的支出，把所有的資源都投在刀口上，我估計他去年要平衡並不太難，我問他：為什麼沒有把損益兩平當作主要的營運目標？

他一臉狐疑地回答我：新創事業不就是要努力做出創新嗎？我一直朝這方向努力，所以從來沒有想到要省錢這回事，而且我在流量、會員數及粉絲數上也都有一些成果，投資人不也都關心這些事嗎？

是的，投資人會關心你做了什麼創新，也會關心流量、會員數，但投資人也會關心你會不會經營公司，是不是一個有效率的經營者；如果營運的實況是有機會平衡不虧損，但是你卻經營沒效率，導致賠錢，那你就不是一個創業家。不是創業家，再會創新也沒有用，我這樣回答他。

成功的創業家要具備兩種個性，一是創業家，一是創新者。創業家指的是要會有效率地經營公司，要有效率經營公司，就是要把有限的資源、資金，全花在刀口上，不浪費任何資源，其結果就會使公司存活；用各種方式存活，且要活得最久，以等到環境改變、市場開花結果，等到柳暗花明的一天。

這就是創業家的個性，代表會經營公司。有了創業家的個性之後，如果再有「創新者」的性格，可以研發出好的技術，可以開創出好的生意模式，可以生產出創新的產品，會用完全不一樣的創新方法經營公司，那麼幾乎可以確保創業一定可以成功。

我遇到許多年輕的創業家，他們確實也都有豐富的創新想像，而他們的創新能力，也確實能說服投資人拿到必要的資金，讓他們從事創業實驗，而接下來第一個考驗就是他們是不是具有創業家的個性。

如果創業家只有「創新者」的個性，而缺乏創業家的個性，經營公司時會充滿浪漫的想像，凡事緩緩地來，對立即賺錢沒有急迫感，導致在資金使用上缺乏效率，需要更多的資金才能達成損益兩平。

如果這樣的創業家能持續獲得投資人的青睞，不斷獲得新投資，或許還有機會創業成功。但是若缺乏創業者個性的缺點未改善，短暫的成功後，仍會打回原形，最後難免還是失敗。

所有的創業者，必須要先學會創業，知道如何存活，如何把資源花在刀口上，然後再加上創新，才能成功。

**後語：**

❶創業就是要用最少錢，做出成果，非常講究用錢的效率。

❷創業另一個真相就是要儘快達成損益平衡，損益兩平是創業者最重要的目標。

# 9 從自絕中走出路來

前言：

新創事業常常是被逼出來的，當公司遇到困難，必須採取變革，可是又無法放棄原有的生意，這時候就會出現經營重心的兩難。事實上要全力推展新創事業，就要假設原有生意已走到絕路，未來不可能有發展，這種「自絕」的心態，是啟動新創事業的關鍵。

二〇〇七年Kindle橫空出世，電子書成為最熱門的閱讀行為；接著二〇〇八年，iPhone以勢不可當之姿，成為最暢銷產品。這兩件事情都對我產生極大的震撼，我們所經營的紙書出版市場，在天翻地覆的改變後，會出現何種變局呢？

當時我心中一直有個擔心，網路世界徹底改變了人類生活，也改變了產業生態，網路世界會不會也顛覆傳統紙媒介出版業呢？例如：從網路世界誕生一家數位出版公司，並不做紙書，直接做線上出版，作者在線上創作，在線上編輯，在線上發行，在線上交易，並在線上閱讀。

經過再三思考後，我覺得這是極可能發生的事。而我們公司是台灣最大的紙書出版公司，如果線上出版成立，我們會不會被取代呢？這是極可能的事。

當想到可能被線上出版公司取代後，我就開始設想應變措施。我先想防守，可是敵人不知從何而來，也不知如何出現，當然不知如何防守。防守既不可行，那就不如攻擊，最有效的攻擊莫過於自己經營一家線上出版平台，如果有敵人，自己下去演敵人的角色；如果線上出版注定會打敗紙本出版，那不如自己打敗自己。

我下決心自己啟動線上出版的測試計畫，決定在紙本出版自殺，然後在線上出版重生。

這就是POPO原創公司設立的緣由。

可是線上出版在台灣是個全新的開始，一切都是新生事物，外在環境根本不許可，我們好像要在沙漠中種出花草來，幾乎是不可能的事。

POPO原創成立的要素有二：要有很多作者在線上寫文章、寫書；另外也要有很多讀者願意在線上付費閱讀。這樣POPO原創的生意模式才能成立。讀者與作者就是雞與雞蛋的關係，POPO原創在經營上是先有雞還是先有蛋呢？

我們下決心先養作者。我們可以靠工作、靠努力去徵集，也可以用各種徵文辦法吸引他們來寫作，所以我們用盡了所有的方法，去培養作者。

這是個痛苦的過程，主因是台灣缺乏名利雙收的作家，作家看起來也不是可養家活口的行業，因此從經濟動機上，是沒有人要成為作家的，在台灣這塊貧瘠的土地，是種不出作家的花朵的。

經濟的動機不存在，就只剩下浪漫的文青。有許多小朋友，在國、高中時，就願意塗塗寫寫，寫的也是青少年的純愛，因此在POPO原創平台上第一個聚集的類型是校園愛情小說，而看的人也是年輕人。

就這樣，我們慢慢培養出一些出名的「小」作家，他們真的「小」，都只有十幾、二十幾歲，可是在讀者眼中，已是偶像明星。

經過這十年耕耘，POPO原創已是台灣最大、最知名的線上創作平台，我們擁有超過一百萬位喜愛創作與閱讀的線上會員，他們來自兩岸三地，我們確定已從紙本出版的「自絕」中，走出一條線上出版的陽光大道。

**後語：**

❶ POPO原創歷經了七年的虧損，不斷地試誤、不斷地轉型，最後才找到一條可行的路徑。在二〇一五年終於損益兩平。

❷ 新創事業的失敗，通常是經營者在現有事業與新創事業之間猶豫不決，首鼠兩端，未能全力投入新創，最後終將失敗。

# 10 東西做好，錢就來了！

前言：

餐廳是最沒有進入障礙的生意，人人都可以開餐廳，但也是競爭最激烈的生意，要開好並不容易；可是餐廳也是最能彰顯生意本質的行業，只要把生意做好，錢就來了。只是大多數的老闆連這最基本的生意邏輯都沒有弄懂。

一家吃了數十年的豆漿店，最近換了老闆，本來夜市邊的這家店，一向生意興隆，可是換老闆後，很明顯生意變差了。我逛完夜市，很習慣地到豆漿店，買一些明早吃的早點，油條、燒餅、豆漿，就是一頓美味的早餐。

第二天一早起來，和老婆一起吃早點，我喝了一口豆漿，就覺得熟悉的味道不見了，老婆也說，沒有豆漿味，我心中暗暗替新老闆叫苦，這樣的產品，未來店怎麼開啊？

我回想起到他店裡買東西的過程，老闆娘和女兒兩個人七手八腳地打包油條、做豆漿，完全不像專業的店家，怪不得做出來的豆漿，味道不足。

另外一家店就是完全不同的劇情。這家餐廳開在我家附近的巷弄邊，地點並不好，但招牌醒目，燈光明亮。剛開業的時候，生意並不好，但我去吃了以後，就覺得口味不錯，而且價錢也很合理，從此我就經常光顧，深怕店家撐不下去就關門了。這是我對新開店家的支持態度，總希望他們能創業成功！

這家餐廳就這樣撐了兩、三年後，生意逐漸變好，現在我要去吃時總要事先訂位，沒有事先訂位，極可能就吃不到了。從需要我刻意去吃、去支持，到沒訂位就沒位子，證明了經營餐廳的硬道理：口味好，東西做得好，生意就好了，錢就來了！

我不喜歡吃名店、吃大餐廳，我喜歡吃小店，不排除是路邊攤，而對新開的小館子，我更樂於嘗試，對於小老百姓的小本創業，我是樂於支持，期待他們創業順利。

可是在這些新店家中，我極少吃到好吃的店家，大多數的店家都是勉強做出產品，可是連最基本的口味都做不好，不好的口味，又如何吸引人上門呢？

我也常和店家們聊天，當我很老實地向他們提出我對口味的看法時，他們卻大多數都不以為然，有些人說他們已努力做到最好；有些人甚至認為我的口味有偏好，不能作準；有的人則抱怨生意不好做，開店不容易，客人不來，生意賠錢，根本無能力改善口味！

這些創業的老闆們多數是一心想創業，根本沒做好創業的準備，怎樣創業才會成功，根本一無所知。

其實餐廳創業是最簡單的創業項目，只要兩件事做好，就能成功。其一是菜好吃，其二是價錢合宜，價位適當。

所以開餐廳第一步要做的事，是把菜做到好吃。小吃中我最喜歡吃的就是陽春麵及切仔麵，理論上這兩種麵都是做法簡單，口味也簡單，可是我常感嘆，這些餐廳的老闆們，竟然連陽春麵、切仔麵都做不好，這怎麼開餐廳呢？

至於要怎麼做到好吃呢？只要找好吃的名店去試吃，然後回家模仿，一直做到口味近似，那就近於好吃了。

只要好吃做到了，賺錢就不遠了！

**後語：**

❶大多數的生意人之所以做不好生意，都是犯了同樣的錯誤，沒做好產品、沒弄懂生意邏輯。

❷做好產品需要有不斷改進、不斷修正的過程，只要訪談使用者的意見，好好改善產品，就可以做好生意。

# 11 投資未來必定發生的事業

前言：

創業最好的選擇，就是做現在不曾存在的商品，提供現實社會沒有的服務。如果我們發覺一種未來趨勢一定會出現的服務，這是最好的創業選項。

尋找及投資未來必定會出現的商品或服務，然後催促其發生，必然會得到先進者的優勢，獲得大成功。

我有許多逆轉創業的經驗，常常一開始創業就沉到谷底，但我都堅持到底，最終成功逆轉，成就精彩的創業故事。

許多人會問我，當我在谷底時，什麼力量支持我繼續奮戰，沒有放棄？

我的回答很簡單，除了我個人的信念外，最重要的一件事是，我對那個事業未來必定會成功的判斷。如果我分析這個事業是未來事業，在未來世界必會成就此一事業，那我就會繼續堅持，把這個事業做成功。

以我創辦《商業周刊》為例，當我在一九八七年開辦《商周》，一創辦公司就沉到谷底，每年都要賠一、兩千萬，連續七、八年，這時我隨時都面臨是否應該放棄的抉擇，但每一次抉擇，最後我都選擇繼續堅持，原因何在呢？

我當時分析，以台灣經濟變動的速度越來越快，幅度越來越大，而台灣市場上的財經媒體，只有每日出刊的報紙，以及每月出刊的月刊，而缺乏一本每週出刊的雜誌，《商業周刊》正好填補此一空缺；所以我判斷，台灣社會未來一定需要一本週刊，這是必然趨勢。而我們每年賠錢，必然只有兩個原因，一是我們還沒有做好，沒能符合讀者的期待；二是週刊的讀者還不夠多，市場還尚未成形！

而不論哪個原因，解方都是持續做；我們要努力把雜誌辦好，到符合讀者需求，我們就能平衡賺錢。也同樣地就是要繼續出刊，一直撐到市場大開，週刊的時代來臨，週刊的讀者夠多了，我們就可以活過來了。

結論是，一本週刊的存在，必然是台灣未來的趨勢，也是未來的事業，我們只要撐得夠久，未來的世界必然是我們的。更何況當時沒有別的競爭對手，我們只要做下去，必定能等到成功。

撐了十年後，果真峰迴路轉，我們終於走上陽光大道。

另一例子是：二〇一二年我創辦了Readmoo電子書交易平台，開辦之後，平均每年虧損三千多萬，五年內，賠光了資本額一億五千萬，這時候我又面臨了是否放棄的抉擇，我痛苦萬分，往前走，風險萬狀，困難重重，完全看不到未來；而如果放棄，那一億五千萬的心血完全付諸東流，也無法對信賴我們的股東交代，未來我該怎麼辦呢？

我同樣把眼光放遠，用未來思考。我想：閱讀電子書一定是未來趨勢，而只要有人讀電子書，那台灣市場上必定有電子書販賣平台出現，未來也必定有電子書販賣平台的贏家，這是不可逆的趨勢。我們現在會賠錢，理由很簡單：電子書市場不成熟，以及我們的服務還沒做好，只要做下去，有機會成為電子書的贏家。

我當時再仔細盤點市場，發覺還有幾家競爭對手，但也和我們一樣辛苦經營，而我們自忖，我們公司是最有誠意、最認真服務讀者的公司，我估計：只要一本初衷撐到底，我們有機會存在。

就這樣，我們做下來，到今年果真豁然開朗了。我堅信，未來必定發生的事，就值得堅持。

**後語：**

❶投資未來會發生的事業，通常會出現過早投入的錯誤，這時只要堅持活下來，未來必定會成功。

❷準備足夠的資金，通常是投資未來事業成功的關鍵。

# 12 生意成交七步驟

前言：

做成生意有一個七步驟的基本原理，只要做對了每一個步驟，就可以完成生意。

做不成生意，最簡單的藉口就是產品不好，這是銷售人員最常使用的理由，卻忘了生意做不成，可能是銷售人員的錯。

一個銷售主管向我抱怨，他的銷售人員老是說客人嫌我們的產品太貴，希望我們能降價，我說那你怎麼處理呢？

「當然不能隨便降價啊！我會要求他再去求證，確定客戶真有意願再說。」

我覺得我有必要重新為銷售主管上一堂「生意成交七步驟」的課，這一堂課會破除所有生意成交的可能障礙。

我說：生意要成交有七個步驟必須要完成，每一步完成了才會有下一步；前一步沒完成，生意就結束了。每一步都是關鍵。

生意成交的第一步是銷售員，客戶如果不相信銷售人員，就不會購買，生意不會成交。

銷售人員一定要是可信的、誠實的，他所販賣的產品才會可靠，客戶才會向他購買商品。基本上客戶是透過銷售人員購買商品，聽了銷售人員的解釋、說明，才理解商品的一切，如果不信賴銷售人員，生意就不用談了，生意成交的基礎也就不存在了！

生意成交的第二步是相信銷售人員背後所代表的公司。一定是這家公司值得信賴，才有機會繼續理解產品。

因為信賴銷售人員，進而信賴他所代表的公司，一切都是從人開始。

接著就是第三步，信任了公司，進一步去檢查公司所販賣的商品，如果發覺商品也是可信賴的，那才有下一步，仔細了解產品的功能及用途。

成交的第四步是產品功能如何？產品是做什麼用？較諸一般市場上的競爭產品而言，功能上有沒有特殊之處，是否特別好用，個人是否用得著？

檢查完功能後，就進入成交的第五步：是否有需要。產品的功能可能很複雜，也很新奇，可是每個人的需求都不一樣，有人強調簡單，有人喜歡好用，有人愛好新奇，每個人強調的重點都不一樣，產品功能一定要與個人需求吻合，這項產品才是真正被需要，有需要才會成交。

一旦確定產品有需求，那就進入成交的第六步驟，檢查價格是否合理。每一個人買東西都要確認價格合理才會購買，每個人對每種商品都有一個合理價格的理性區間，只要高過這個理性區間，每個人都會仔細思考必要性及合理性，如果缺乏合理性，極可能就會拒絕購買。

合理的價格不代表一定要超值，通常只是價格與自己的預期接近，這就是價格合理，這也是成交的第六步。

成交的第七步，也是最關鍵的一步，就是購買者口袋中有錢，有足夠的預算，要準備購買預期中的商品。

這也是最現實的一步，不論前六步有多大的意願，只要口袋中缺乏預算，一切都免談。

了解成交的七步驟，對銷售人員至關重要，銷售人員往往把業績不好怪罪公司、怪罪產品、怪罪價格，但可能是七步驟中的任何一個卡住，都成交不了，銷售人員應仔細思考。

**後語：**

❶這生意成交的七步驟，是明確的順序，每一個步驟沒做對，客戶就會離開。也不會進到下一個步驟。

❷也可以把第七個步驟：客戶有錢，拉到最前面來思考，先找到有錢的客戶，才下手進行準備。

# 13 談生意，絕不能出口的一句話

前言：

做生意最怕一開始就得罪客戶，一旦客戶對我們有不好的印象，一切生意都免談了。

「我和你們的老闆（高級主管）很熟」，這句話一旦出口，就代表我們不把談話的當事人放在眼裡，這立即就會引起對方反感。

年輕的時候，在媒體跑新聞，會遇到各式各樣的人，有一種人是我最討厭的，這種人通常自以為是老大，經常會在見面時，說一些老氣橫秋的話。

通常初見面時，對方會拿著我的名片端詳，「喔！你是《中國時報》的，你們報社我很熟。」接下來就說：他怎麼認識余老闆，又認識我的總編輯，連總經理也很熟，通常我遇到這種人都會說：你既然和我們報社這麼熟悉，那我就不需要來採訪了，請我們上級老闆直接來採訪就好。說完這句話我掉頭就走，留下了愣在當下的對方，不知如何是好。

我是個非常有個性的工作者，我願意和任何一個人交朋友，也會真心相待。但我最討厭眼中只有我上級長官的人，動不動就說和我的長官很熟，根本不把我放在眼中，這種人我一定用特殊規格對待。

所謂用特殊規格對待，指的是你想要我寫的新聞，我就偏不寫；你希望我不要寫的新聞，我反而大肆報導，總要弄到對方痛苦不堪。

因為我自己的脾氣如此，最討厭別人拿長官來壓我，所以我對外談生意時，從來心中只有當事人，也只和當事人對話，深怕談及對方的長官，反而引來不好的副作用。

尤其是要賣東西給對方時，一定是採購窗口最大，通常掌握相當大的影響力，他想向你買，會找出一百個理由，他如果不想買，也可以找一百個理由，他是生意成交的關鍵人物。

我曾有一次失敗經驗，當時我要和一家公司做生意，已經談得差不多了，但始終沒辦法快速結案，我情急之下搬出一位他們公司的高官，向窗口明示暗示，和他長官很熟悉，沒想到這句話一出口，對方馬上變臉，告訴我，這個生意是他負全責，那位長官管不到這件事，且就算管得到，這個生意也要公事公辦，沒什麼人情好說。

談生意最忌諱的是：對接洽的窗口，說我和你的某某長官很熟，這句話一旦出口，生意做不成的機率大增。

其實這個道理很簡單，如果我們真的和這位長官很熟悉，關係很夠，那我們會私下找這位長官溝通，把生意搞定，然後再按照內部的決策流程，走完採購程序，完成生意。

如果關係不夠熟，而只是口頭一句話：和某某人熟，這通常並不是真的熟悉，只是說嘴的詐語，徒然被對方看破手腳。

我們在外面的應酬場合，經常會遇到一種人，到處和別人吹噓，和某董事長、總經理熟悉，和某一位大官認識，以彰顯自己的地位。對這樣的人，我通常都聽聽而已，絕不會當真，因為真正有分量的人，不需要吹噓這些關係。

吹噓和某某人熟悉，常會使進行中的生意橫生枝節，這是絕對不能說出口的一句話。

**後語：**

❶每家公司都有分工授權的邏輯，而且老闆和高階主管並不一定會直接管到生意，就算我們和老闆認識，也不能拿出來說嘴，對生意會產生立即的反效果。

❷越是能幹的人，越有生意的自主性，不見得會看老闆的臉色做事，侍候好生意的窗口才是最重要的事。

# 14 虧損不會在短期內快速改變

前言：

公司經營一旦陷入困境，通常是結構性的原因，要逆轉困境，除了用對了方法之外，最重要的是時間，一定要經過時間的洗禮，營運狀況才會慢慢改變。

期待營運狀況出現一夕間逆轉，是異想天開的事。

一位新創企業的創業家來看我，談到他的公司仍處在虧損狀況，他告訴我：他已下了決心要在半年內，讓公司損益兩平。我好奇地問了他公司的虧損金額，那是一個不小的數字，我告訴他，要不虧損不是用說的，而是要做到。要訂一個可行的目標，才真正可執行，否則只會打擊自己的信心。

我說了一個親身經歷的故事：

我投資的一家公司五年虧了一億五千萬元，我們心心念念就是要如何損益兩平，可是我們沒有能變魔術的方法，我們只能把每一件小事做好，然後期待一步步地轉變。

當公司虧完一億五千萬之後，我們徹底改變公司組織架構，經過減資，再小幅度增資，然後重新開始。我們就這樣小心謹慎地經營，並縮小了組織規模，退租了一部分辦公室，把所有人擠在一個小空間裡，我們期待公司能慢慢改變。

改組後的第一年，我們看到一些成果，業績成長了三倍，但是因為基數很小，業績仍然是一個極小的數目。可是我們的虧損已有所改善，從前幾年的每年賠三千多萬元，縮小為只虧損兩千兩百萬元，雖然仍在虧損中，可是我們已看到公司向上提升的一線曙光。

第一年有了好的開始，全公司上下受到了極大的鼓勵，所有人更加全力以赴。

第二年，我們小心謹慎地推出了一個市場同業從來不敢做的新產品，我們知道，如果我們沒有不一樣的作為，就不可能會有不一樣的結果。

這個用群眾募資推出的新產品大獲成功，一星期內群募就達標，最後以數倍的成果結案。我們在黑暗中打了一支全壘打，讓全公司士氣大振。

可是第二年結算，我們的虧損減少得有限，只減虧了幾百萬元，全年的虧損仍高達一千五百萬元。

可是無論如何，這仍然是個好消息，我們公司仍然持續向上提升。我們又小心謹慎地把明年的目標訂為虧損八百萬元，仍然沒有把目標訂為損益兩平。

第三年，因為有前一年新產品成功的底氣，我們又乘勝追擊，再推出第二款新產品，也仍然獲得成功。這一年我們持續減虧，也達成預算，年終我們以虧損五百萬元，超越目標。

第四年我們終於訂了一個損益兩平的目標，我們仍然小心謹慎地經營，不敢有太高的期待。

面對虧損，我們這一場翻身仗，一打就是四年，我們絕對不敢訂一個好高騖遠的目標。

說這個故事，我是要提醒這位年輕的創業家，處在虧損中，一定痛苦不堪，任何人都會想盡各種辦法，期待一夕之間就平衡、賺錢。可是操切的心情一定於事無補，只會加速我們犯錯。擬定一個按部就班的可行目標，一步步減虧，恐怕是最好的方法。

創業者重要的是體認現實、看清未來，不要想一步登天。

---

**後語：**

❶改變公司營運最重要的是針對問題的關鍵對症下藥，提出正確的改進計畫，並且要耐住性子，慢慢等待轉變。

❷絕對不要期待公司會快速改變，時間是最重要的因素。

# 15 如何選擇創業夥伴

前言：

創業時呼朋引伴一起來，是常見的現象，而如何選擇創業夥伴就變成創業最重要的事，因為夥伴不對而致創業失敗更是常見，我自己的經驗就是如此。所幸我與夥伴們都有一定的修養，最後才能磨合完成，免於失敗。

我一生的經歷中，從未獨自一人創業過。每一次創業都有創業夥伴，而創業夥伴幾乎都會決定創業的成敗，我在創業夥伴的選擇上體驗深刻，幾乎可以以此為題寫一本書：如何選擇創業夥伴。

我的第一次創業，選擇創業夥伴時，完全沒有原則、沒有方法，撿到籃裡就是菜，只要願意一起創業的就是夥伴，從未想過是否合適的問題。

我的第一個夥伴是以前的同事，我是個好記者，他是好記者，所以我找他一起創業，他也欣然答應。然後他就熱情地找人，又找了另一位以前的同事，剛從美國回來，此人我並不認識，但同在新聞界久聞其名，我也就欣然接受。接著又找了一位文化界的才子，當然我也就同意了。在完全沒有思考之下，我就找齊了四位創業夥伴。

我完全不知道創業夥伴有多重要，直到我去看了前經濟部長趙耀東，向他請教創業事宜，趙伯伯很熱心地聽我述說創業計畫，很開心地問了一句話：「這事你一個人做嗎？」我回說：「不是，還有三個人一起做，我們的股權都一樣大。」

趙耀東皺起眉頭說：「合夥生意不好做耶！未來很可能會吵架。」我當時正在熱頭上，覺得我們都是正人君子，應該不會吵架。

趙耀東去拿起紙筆，寫了一張紙條：大家要有共同理想，才能永遠合作。他說：「你們以後要吵架，就拿這張紙看一看吧！」

這張署名趙耀東的紙條，在後來的日子裡真正發揮了關鍵性的作用，避免了無數次吵架與分手的可能。

我事後檢討，我第一次的創業夥伴為什麼是失敗的？為何差點變成我們創業失敗的關鍵原因？

原來尋找創業夥伴是有原則而且有方法的，而我的第一次既無原則，也無方法，完全是碰運氣，當然不容易有好結果。

尋找創業夥伴要講究三原則：（一）個性互補；（二）能力各有分工；（三）肚量要夠大。

創業的過程中，一定會遭遇各種情境，而既然成為創業夥伴，所有的狀況、困難都要一起面對，一定要在想法觀念上達成共識，事情才能解決。而個性的互補就非常重要，樂觀的人最好搭配一個保守的人；行動快速的人，最好搭配一個緩慢審慎的人；大處著眼的人，最好搭配一個注重細節的人……這樣性格上的互補，在面對各種狀況時，才能面面俱到，不至於犯同樣的錯誤。

至於能力上也要各有分工，每個人在能力上要有不同的專長，最好是所有夥伴的能力加起來正好是所創事業全部的專業技術；這樣所有的能力都有人擅長，這樣的創業最容易成功。

所有創業夥伴的肚量都必須要夠，不會計較頭銜、職位、工作，論功行賞時，也不會爭功諉過，這也是創業夥伴的要件。

創業夥伴要精挑細選，絕對不可隨興而為。

**後語：**

❶趙耀東的教誨一直是我們創業過程中非常重要的信念，那一張紙一直放在我的桌上。

❷創業夥伴三原則中的第三項：肚量夠大，其實是最重要的，不一定要每個人都有肚量，但至少大多數人要有肚量，才能在意見不合中，找到互相容忍的方法。

# 16 五百一千不要賺

前言：

經營公司要有長遠打算，擠壓獲利雖然是必要的，但是一味地追求獲利，導致許多長遠應該做的事，都置諸一旁，絕對是最大的錯誤。

在追逐獲利之時，也要有長遠規劃，不要著眼於當下的小錢。

一個培育中的網路團隊，前一年剛剛越過平損，從一個連年虧損的單位，變成一個可勉強獲利的單位。最近他們提交了明年預算，預計可以賺一千萬，但是他們是用省吃儉用的方法，勉強擠出獲利，這完全不是我想要的預算結構。

我把他們的團隊找來面談：你們很有把握賺這一千萬嗎？「只要我們努力去

做，努力行銷、節省開支，把營業額衝出來，我們應該可以賺一千萬。」

你們賺到這一千萬，明年之後市場地位有更加提升嗎？「我們努力擠壓獲利，並沒有著力經營品牌，市場上已經出現幾個競爭者，我們也沒有太注意競爭者的動向，這個預算，並沒有考慮競爭者的因應對策！」

所以你們在明年是採取短期搶錢策略？「是，賺錢不是公司對我們最重要的指標嗎？」

聽到這句話，我倒抽了一口涼氣。原來我絲絲入扣地追逐獲利，已經讓公司主管們只顧短期營運獲利，而忽視了未來長遠的發展，我必須立即糾正這種錯誤的觀念！

「如果你們明年能賺到一千萬，那就想辦法把這一千萬完全花掉，全力去做品牌、做行銷、改善服務、提升產品，我要你們去建立更高的進入障礙（entry barrier）、更快速地提升營業額，以得到更高的獲利，現在每年賺五百、一千的，我沒有太大興趣，我期待你們未來每年有幾千萬、上億的獲利。」我這樣要求這個團隊主管，要他們把明年的獲利歸零，把可能賺到的錢拿去做行銷，並徹底改善營運體質。

對所有營運團隊，我一向採取完全不同的策略。對一些既成的團隊，未來成長如果沒有太多想像，我會採取擠壓獲利的政策，要求這些團隊省下該省的每一塊錢，賺到該賺到的每一塊錢，總之就是要獲利極大化，完全不對未來進行投資。

可是對培育中的創新團隊，我會採取不同的經營策略。在虧損階段，力求減虧平損，雖然是首要目標，但我也不會一廂情願地追逐立即平損。

舉例而言，有一個團隊，為追逐平損，急著想爭取廣告營收，卻被我阻止了，因為他們的流量還不夠大，想要做廣告相對困難，我設定了一個流量目標，在未達流量目標前，不要嘗試去爭取廣告。

另一個例子是：有一個團隊有一年已接近平損，本來期待來年應可獲利，可是仔細檢討後，我發覺他們的營運結構還不穩定，需要再投資，於是第二年我同意他們再擴大虧損為兩千萬，果真第二年努力調整結構後，再隔年營運就逆轉成正，往後也就開始穩定賺錢。

身為最高決策者，對所有團隊務必要能精準掌握其營運實況，不能只會一味逼業績、求獲利、求短視的營運成果，更要有眼光與遠見，適度給予經營者調整體質的空間，才有機會追逐長遠獲利極大化。

**後語：**

❶做為領導者，要知道何時應該踩煞車，何時應該踩油門，眼前與未來都需要兼顧。

❷這個公司在我不追求獲利之後，過了兩年果然營運大幅成長。

# 17 原來共同創辦人只是虛情假意

前言：

每一個工作者的心思都不一樣，身為主管的當然希望人人以公司為念，以公司的利益為最大的利益，但是當個人利益與公司衝突時，我們實在無法勉強每個人都會犧牲自己的利益，去成全公司。

一位創業家來找我開導，他說他最近遭遇了人生最大的挫折，再加上被共同創業的夥伴背叛，使他終於看清楚了人性，他說他再也不會對員工推心置腹，也不會一廂情願地對員工好了！

我看他說得激動，只能委婉勸說，希望他不要推翻原來相信的原則，好事遇到錯的人也會變成壞事，但不能因變成壞事，就一舉推翻原來的好想法。

這位創業家最近要關閉已創業八年的一家子公司，只留下母公司，要清算所有子公司員工，他原本認為所有員工應該都會諒解公司的困難，好商好量才是，沒想到所有員工卻斤斤計較，有的人甚至請來律師，不惜和公司對簿公堂。

他之所以認為所有員工好商量，原因是他在經營公司時，對員工非常好，幾乎大多數人都拿到公司的股份，而且是公司免費贈送，公司在敘薪上也較諸同業更加優惠。他允許一位主責經營的主管，以公司共同創辦人的名義與外界互動；另一位技術人員則擁有共同專利開發人的名義。他真的是把所有工作夥伴，視為一家人一般。

而此次清算年資，發生爭議的原因在於三年前公司為財務作帳方便，把子公司員工全併入母公司，當時也結清了年資，因此這位創業家認為此次只要清算這三年年資，可是幾乎所有員工都不同意，還要追討過去子公司的五年年資。

這位創業家原本指望那兩位共同創辦人與共同專利開發人能和員工溝通，希望員工諒解公司困境，沒想到這兩位高階主管不但不同意替公司和員工溝通，甚至加入了抗爭的行列。

這位創業家痛心至極，他不只視這兩位主管為共同創業夥伴，且每個人都給了一〇%股份，他覺得對他們仁至義盡，可是他們卻回頭橫刀相向。

這位創業家最後選擇妥協，一來是灰心已極，不想再節外生枝，二來是公司設在大陸，人生地不熟，打起官司來曠日費時，結果未卜，就當送所有員工一份分手禮物吧！

這位創業家告訴我，他終於看懂創業的真相了。創業者就是要為創業負全責，不論對員工多麼友善、優厚，當與公司利益衝突時，所有員工還是與公司對立，會要求自己的最大利益。

我聽了不覺莞爾，我說，你現在想通了，還不太晚，創業者本來就要為公司負完全責任，好是你得益，壞你更責無旁貸，不能指望有所謂的「共同創辦人」會和你一起負責。

現在有許多新創公司，由於是多人合作創業，所以十分流行「共同創辦人」的頭銜，但所有參與者最好有所認知，共同創辦人是禁不起困境的折磨，只要陷入困境，就有人會避開，並不是每一個人都會走到底的，只有那一個撐到最後的人，才是真正的創業家。

---

**後語：**

❶不論公司給員工再多的好處，員工還是員工，不會變成老闆。

❷如果遇到員工真的一切以公司的利益為重，那老闆是三生有幸，上輩子修來的福分，要知道感謝。

第三章

# 如何經營

# 如何經營？

經營公司的最終目的就是要讓公司穩定地賺錢，要穩定地賺錢，就是要做對的生意，要用對的人，要會適度地擠壓業績，逼團隊去搶錢，以獲取最多的利益，也要會在面對困境時，知道如何調整，如何改善，如何從沒有路中，走出路來。

經營要知道如何賺錢，靠誰賺錢，也要知道如何回饋，知道如何打賞團隊，也要知道如何授權，領導者要知道自己該做什麼事？不該做什麼事？也要有長期的眼光，要讓公司長期都能穩定賺錢，這才是好的領導者。

# 18 錢都是他們賺的

前言：

企業經營最重要的就是要打造有共識、對企業有熱忱、願意全力以赴的團隊，一旦這樣的團隊訓練完成，他們就會自動自發地努力工作，為公司賺錢，所以，所有的錢都是團隊賺來的，領導者要知道如何回饋同仁。

每次看到媒體報導：老闆會苛扣員工薪水，想盡辦法用低薪壓榨員工。這是我完全不能理解的，因為我經營公司，所有錢都是員工幫我賺來的，沒有員工，我什麼錢也賺不到，如果苛扣員工薪水，他們怎可能留下來幫公司賺錢呢？

我的經營方法很簡單：（一）找到有潛質的好工作者；（二）長期耕耘，把他們訓練成幹練的好員工；（三）淘汰團隊中不適任及觀念態度不佳的員工；（四）組成最有效率、堅實的營運團隊，以創造最佳營運績效。

這樣的心法，當團隊構建完成後，這個團隊就可確保每年替公司賺錢，保持良好的獲利狀況。他們的責任就是努力賺錢，而我的工作就是給予他們好的回饋，薪水大方給、獎金放手發，以確保他們願意長期留在公司、替公司打拚。

這就是我「員工打拚不留力，老闆給錢打賞不留力」的經營邏輯。回饋、發錢是老闆唯一該做的事，怎能苛刻員工呢？

不過在我執行這樣的想法時，也曾有過爭辯，當我要提撥豐厚獎金給團隊時，董事會也曾表達不同意見，他們認為獎金不能超過一定比率，一旦超過就侵害了股東權益。我不能否認這句話的正確性，但我也替團隊全力爭取，我告訴董事會：錢是整個團隊超額投入、全力以赴賺來的，所以他們值得給更多。因此，我為團隊訂了超預算達成的超額挑戰獎金，如果他們能達成艱難的目標，就能得到超額挑戰獎金。

最後董事會接受了我的想法：錢是團隊努力賺來的，如果他們投入更大、賺得更多，他們就值得更多回饋。事實證明，團隊對於公司的善意，也給予更好的回應，他們每個人都多走一步、多做了一件事，努力去賺到每一塊該賺的錢，也斤斤計較地省下每一分不該花的錢，結果就是公司賺到更多錢。當所有員工上下一心時，公司賺錢就「極大化」了。

「錢是員工賺來的」，這是所有老闆必須突破的觀念，許多老闆認為：錢是公司賺的，賺的錢都是老闆的，如果給員工多，老闆就會少，員工與老闆間是零和遊戲，所以要盡量少給員工，老闆的利益才能極大化。

表面上看來，老闆的計較算盤並沒錯，如果員工不是賺錢的原因，而是在結果才參與分錢，那這種思考就沒錯，可是如果員工是賺錢的原因，而且未來還會持續為公司賺錢，那麼他們是否有動機為公司賺錢，這就是老闆需仔細思考的因素。

其實企業是兩種要素的組合：人與錢。錢當然是老闆及股東提供的，他們可得到的是資本利得。可是企業需要靠人，團隊是企業經營的關鍵，是靠人運作的，所以錢是人賺的，也是靠人才能持續賺錢。人是完全彈性，自動回應，今天少拿了，明天就少投入，錢就賺少了，認清這個事實，老闆就不會少給錢、做錯事。

**後語：**

❶因為錢都是團隊賺的，所以就要珍惜團隊，「薪水大方給，獎金放手發」，是經營團隊最重要的方法。

❷不要和團隊爭利，在賺的錢中，保留一〇%到二〇%，做為團隊的獎勵是必要的。

# 19 我只負責三件事

前言：

做為一個領導者，經營公司一定會歷經幾個階段，第一個階段是團隊適應期，這時團隊的成員不齊，默契不足；第二階段是團隊校正期，此時要教育訓練團隊成員，必須時要換人；第三階段是團隊成熟期，團隊各有所司，成員成熟，此時領導者就可以垂拱而治，只負責最重要的事。

許多人問我，你們公司單位那麼多，你一定很忙？

我總是回答：事實上我一點都不忙，因為我在公司中只負責三件事！

公司中我直接管轄的團隊有十幾、二十個，直接向我報告的主管也有這麼多，可是這些主管都十分幹練稱職，而且能負完全責任，所以基本上我什麼都不用管，他們都會把各單位管得好好的，我完全不用在例行事務上費心，所以基本上我完全不忙，甚至可說是很閒！

可是我有三件事，一定要親手處理，絕不假手他人，所以如果這三件事同時發生，那我也會忙到痛苦不堪。

我要親自處理的第一件事是：陷入經營困境的單位。如果營運單位還賺錢，這是正常的單位，我會完全不管，可是只要一開始賠錢，我就會介入處理。

剛開始時，我會密集找主管溝通，以了解營運單位的實況、虧損的原因，並要主管提出明確的改進方案，從這時候開始我就已經親臨現場，直接面對虧損。

可是如果虧損長期無法改善，我可能不只在後面下指導棋而已，我甚至不排除直接下手，更深度參與經營，我親臨第一現場，其目的就只在表現出我逆轉營運困境的決心而已！

這其中還有另一種可能，就是陣前換將，我會去尋找一個主管替代人選，直接換人，這也是我改變虧損單位的可能方法。

我會親自處理的第二件事，是影響深遠的重大事件。我通常站在全公司的制高點上，俯看公司當時的所有事務，然後從其中選出一、兩件重大工作，做為我短期內參與投入的重點。

重大事務的挑選又有兩個重點：其一是此事影響深遠，成則公司獲得重大利益，敗則公司蒙受巨大虧損，這類事務不容有任何閃失，所以我必須高密度介入。

另一個考量的重點則是公司不熟悉的事務。有些工作對團隊而言是新生事務，過去從來沒有接觸過，不知如何處理；對這種事務，可能需要「試誤」過程，要在摸索中尋找到正確方法。對這種事務也是我的強項，我通常會和團隊一起摸索，以期尋找到最有效的方法。

我親自處理的最後一項事務是創新生意，每年我都會啟動新的創新生意，創新就是從無到有的全新想像。我們公司每隔一、兩年都會成立新的團隊，設定新的生意模式，提出新的產品或服務，這是我們避免原有生意模式老化的創新作為。

我鼓勵所有的團隊，提出各式各樣的創新生意想像，而我總是那個最佳的聆聽者與支持者，他們只要能說服我，就可以得到公司各種實質的資源支持，而我也是那位最熱中的參與者，我在第一現場，給予創新團隊最大的心理支持。

我很慶幸我擁有很成熟的經營團隊，我也很熱中做我該負責的三件事。

**後語：**

❶我只負責三件事，是已經整理了團隊五年以上的時間，每個部門都有稱職、能負責的主管，所以我能選擇性地投入工作。

❷在團隊還沒有整理好的階段，領導者還是必須親力親為做許多事，無法只管重要的事。

# 20 先集權，等走出路來，再授權

前言：

新創公司初期，百廢待舉，是無法講究授權的，因為成員不成熟，本身的默契也不足，所以領導者通常是要全力照管所有的事，這時候集權式的領導是有必要的，要領導者自己帶著團隊走出一條路來。

一位年輕的創業家，他的公司還在存活邊緣奮鬥中，說起他帶團隊的策略：他喜歡盡量尊重大家的想法，授權給團隊自動去做事，而不要逼迫團隊去做不喜歡做的事。

我問：放手給團隊去做，效果很好嗎？

他回答：效果不太好，公司始終在存活邊緣，改革的步調緩慢，看不到改變的可能。

我說：你犯了一個極基本的錯誤，還沒有找到存活方法的公司，唯一存活的方法是創業者要強行帶領團隊走出一條路來。只能用集權的方法，要求所有人向中看齊，一心一意、團結一致；絕對不可尊重團隊的意願、授權各團隊主管、各行其是，這樣永遠找不到正確的生意模式和存活方法。

新創企業在創業階段，百廢待舉，一切都沒有規則可循，也缺乏明確的生意模式，團隊成員可能也是來自四面八方的烏合之眾，這時候，全公司就是一台道道地地的拼裝車，怎麼可能順利運作呢？

如果年輕的創業家在存活階段，採取客氣的尊重方式，任由團隊內各主管各自為政，絕對不可能在混亂中殺出一條血路，找到存活的方式。

在創業階段，創業家通常有一種想望、有一種願景，想去完成一件事，隱約之中覺得可以做出一番事業，但可能缺乏明確的方向，也缺乏明確的方法，更不會有明確的生意模式，唯一確定的是要在摸索中走出一條路來，這是一個試誤的過程。

當創業家開始付諸創業時，首先要籌組創業團隊，這個團隊通常以創業家為核心，按照工作的功能別，及創業家所不足的需求，尋找合適的成員組成，這是圍繞著創業家打造的團隊。

接著整個團隊的運作，就要唯創業家馬首是瞻，以創業家的意志為意志，以創業家的方向為方向，以創業家的指令為指令，以創業家的方法為方法，一切以創業家為依歸，這是一個絕對集權的運作方式。

原因很簡單，創業是沒有路要找到路的過程，沒有任何人知道該怎麼做，如果創業用民主方法，採取授權方式，讓所有團隊成員按各自的想像做事，爭執、衝突在所難免，而各自為政更可能相互掣肘，抵消彼此的力量。所以在創業階段的存活時期，創業家只能絕對集權，抱持極大自信，用自己的方法要求所有成員向中看齊，不給成員自由裁量的空間，更絕對不能談授權。

這個時候的創業家要全力以赴去「組班子，訂目標，下指令，追績效，驗成果，找出路」，這完全要憑一己之意志，不太能聽團隊的意見。

一直要等到整個團隊運作順利，班子的成員成熟，而且生意逐漸穩定，擺脫了創業期存活的威脅時，才有授權的可能，也才能尊重團隊成員的意見。

創業家在摸索階段，只能一肩扛起所有責任，先集權，一直到走出路來，才能授權。

**後語：**

❶新創公司通常成員少，陣容也不齊，領導者只能一言而決，綜覽全局，並嘗試逐步培訓成員。

❷在集權階段，如果有少數成熟的主管，對他們也可以採取較放手的授權方式，逐步培養他們的能力。

❸領導者要有決心，帶領團隊摸索走出一條路來。

# 21 別在物質享受中迷失了方向

前言：

當公司募到很多資金，處在順境時，老闆會不自覺地迷失了方向，有的會自以為能力強，好大喜功起來，有的會被外在物質所迷惑，把辦公室裝扮得金碧輝煌，把員工的福利增加到不可思議的地步，這都不是好事。

一家新成立的新創公司，由於出資者都是知名財團，手中銀彈充足，所以公司一設立，就物色了一個豪華辦公室，空間寬敞，氣氛明亮，號稱大到可以騎腳踏車。再加上辦公室中各種健身設備一應俱全，辦公室立即成為員工打卡的重點，在網路社群瘋傳，羨煞了許多年輕工作者，被視為理想中的幸福企業，人人都想投奔。

像這樣的劇情，宛如當年Google成功的故事，當時Google成為網路界龍頭獨占企業後，最為人稱道的就是它的員工福利，辦公室美輪美奐，空間寬敞，還有吃喝不盡的零食、飲料，加上各種健身設施，整個辦公室宛如人間天堂。這樣的劇情看在所有經營者眼中，每個人都在懷疑，公司要有什麼樣的獲利水準，才能長期支持這樣的福利水準？

現在答案漸漸揭曉了，Google的營運是網路上的龍頭企業，它做的是獨占生意，有鉅額獲利，它當然可以支持這樣的員工福利。不過日子久了，大家也就理解了，這樣的故事，不是每個企業都能效法的，而且就算非常賺錢的企業，也不一定要做類似的事，可以有其他各種方法來回饋員工。

更何況，Google是在成功後，才有這樣的福利。如果一個企業在創業之初，就大張旗鼓，以美麗的辦公環境宣傳，弄得業界人盡皆知，這又是怎麼一回事呢？

類似的故事，另一家網路公司，在辛苦地經營了將近十年後，終於轉虧為盈，苦盡甘來。從此這家公司就大手筆起來，大肆推動各式各樣的員工福利。

首先換了一個豪華辦公室，比原有的辦公室加了一倍面積，並預留了未來很大的擴張空間。辦公室中也增加各種遊樂設施、健身器材，讓員工可以一面上班，一面娛樂。

各種食品、咖啡，更是充實，每個月都有員工慶生會，辦得像嘉年華會一樣熱鬧，歲末年終還有大、小尾牙，各種摸彩活動，不在話下。

每年還舉辦全員國外員工旅遊，人人有份，公司全額補助，整個公司就是標準的幸福企業。

在這樣穿金戴銀下的員工福利後，公司業績及獲利又如何呢？

在轉虧為盈的第一年，只有微幅的獲利。而轉虧為盈後的第二年，公司仍然兢兢業業，不敢有任何奢華行為，所以第二年交出了非常漂亮的營運成果。到了第三年，公司經營就開始充滿信心，大手筆推行各種福利政策。

公司第三年的業績確實也成長了四〇％左右，可是抵不過對內的奢華福利，更抵不過對外的大手筆推動各種行銷活動，當年度公司結帳，又回到第一年微幅獲利的狀況，公司增加的業績，完全被各式各樣新增的費用吃掉了。

這兩個故事都在述說同一個劇情，公司的本業在營運、在績效，好的辦公室，好的福利制度，永遠是錦上添花，千萬不要在物質享受中迷失了自我。

**後語：**

❶辦公室裝修得漂亮，這還是小事，因為這是一次性的支出，而員工福利增加這就是大麻煩，因為這是每年經常性的支出。

❷老闆千萬不要因為一時的業績變好，就自以為是，當場就穿金戴銀起來。

# 22 絕對有效益才做，絕對不能省才花

前言：

當公司遭遇困境，必須要做調整時，就是要把成本費用減到最低，支出最小的狀況，以期用最少的營收，能完成仍然賺錢，或虧損最少的結果。

「絕對有效益的事才做，絕對不能省的錢才花」，這又是整理團隊最重要的原則。

在COVID-19疫情初起時，我就感受到危機，我覺得這波疫情極可能熱火朝天地燒過全世界，也將對企業經營造成極具破壞力的影響，我很警覺地寫了一封信給全公司同事，信中提及：這是一場世界性的災難，勢必對公司造成影響，我要求大

家要有過苦日子的準備，也要重新盤點現行的經營方向及策略。

我要所有人檢討手上的工作，要確定「絕對有效益的事，才去做」，也要仔細檢視即將花的錢，要「絕對不能省，才能花」。做事是要爭取業績，而檢討花錢是要控制成本；爭取業績是要賺到每一分能賺的錢，檢討花錢是要省下每一分能省的錢。如此一來一往，就是要做到「業務極大化，成本極小化」，要為公司爭取現金，以準備即將面臨的經營寒冬。

正常公司的經營都是走預算制，每年年底要編列明年度預算，而編列預算時，無非就是把每年都要做的例行公事列出，再把明年度想的新增事物也算進去，再按經驗值，把可能的花費填上，再進行一些可能的調整，就變成新年度預算；我們今年度預算也是這樣編列。可是去年編今年預算時，並沒有COVID-19疫情，我們假設今年也是像平常的太平日子，可是目前情勢如此險峻，我們還能照原來的計畫，照表操課嗎？

答案當然是不行，我們要有上緊發條的準備，也要有「安危他日終須仗，甘苦來時要共嘗」的心理準備。

我要求大家做兩件事：絕對有把握有效益的事，才做；絕對不能省的錢，才花。我真正意思就是把去年底、太平時期所編的今年預算全歸零，今年做事要重新思考、重新檢視該不該做，所有的錢該不該花。我沒說出要執行「零基預算」的名詞，可是我要求全公司同事和主管，要有零基預算的概念，重新思考一切作為。

我們每做一件事，一定有三種結果：（一）明確有成果、有效益；（二）效益不明確，可能有效，可能無效；（三）明確沒有效益。明確沒有效益的事我們當然不會做，可是事前評估時，我們並沒辦法知道，是否明確有效，我們經常帶著正向的樂觀期待去做許多事，而其結果也會做出許多不明確有效益的事，這是我們做事上很大的盲點；做了許多不能證明是明確有效益的事，而其結果當然就是浪費了許多實質成本及機會成本。

只做明確有效益的事，指的就是在執行前，我們就能「證明」此事做下去一定會有效益，有清楚的邏輯推理分析，而把只是可能有效益的事全部放棄，不再試誤，以確保成果發生。

至於絕對不能省的錢，才花，也是要重新檢視每一項花費能否刪除，如果刪除影響不大，就立即刪除，就算不能刪，也要思考是否可以縮減，少花一些。換句話說就是只花那些絕對不能省、省了公司就不能營運的錢。

當災難來時，所有人都該想，如何用最低的水準活下去，存活才是硬道理！

**後語：**

❶太平時期公司有正常的經營模式，而正常的模式通常不是最有效率的方式，所以要把過去習慣的工作方法全部歸零，重新設定花錢的方式。

❷只做絕對有效益的事，對任何可能有效益，但不明確有效益的事，都要放棄。

# 23 今天透支成果，問題留給明天

前言：

經營公司是長期的，要求其永續經營，長治久安，所以不只是要今年的成果好看，還要看未來的幾年。許多專業經理人因為董事會每年都要檢討業績，所以都只求把今年的業績做好，粉飾一年的太平，而出現今天透支成果、把問題留給明天的現象。

有一位執行長，連續五年都交出了亮麗的成績單，獲得了董事會極大肯定。可是當他卸任後，一年之內，這家公司的營運狀況就開始逆轉，不論新任執行長做了再多努力，都無法改變，這家公司從此沉淪，一去不回頭。

事後這家公司的一個老員工回憶，在上一任執行長那業績輝煌的五年中，其實是這家企業轉型創新的黃金五年，那五年中，這家企業的生意模式已經徹底老化，危機早已顯現，可是當時的執行長卻無視於轉型的必然，只是一味地降低成本、簡化團隊規模，以擠壓獲利；獲利雖然做到了，但卻錯過了企業變革轉型的黃金時刻，讓這家有規模的老公司，從此逐漸走入歷史。

這是經營團隊最典型的悲劇——今天透支成果，問題留給明天。這也是專業經理人主掌公司時，最常被詬病的現象：為了今年短期的業績，犧牲未來長遠的規劃；粉飾今天的太平，無視即將發生的災難。

研究企業經營的學者多數認為：專業經理人是受託經營，有任期制，只要在任期內表現良好，就是最大的交代，因此難免短視近利；所以只有資本主的經營者，才能兼顧企業的長短期利益，免於「今天透支成果，問題留給明天」。

其實這不是好的專業經理人該做的事，好的專業經理人必須長短期兼顧，要在企業還有獲利時，啟動新的創新布局，並且要能忍受企業因而獲利減少，開創出企業的第二曲線，才能維持企業的基業長青。

長期以來，我們的公司都一直在紙媒介即將式微的壓力下存活，在過去這十幾年中，我無時無刻不在擔心，哪一天一覺醒來，這個世界紙媒介不見了，我們公司也不復存在；這是我最害怕的事，因此我無時無刻不在嘗試創新，以免未來無顏見江東父老。我怕我的團隊，未來責怪我，在城邦出版集團轉型創新的關鍵時刻，因為我的害怕、不作為，使城邦停在原地，最後走向安樂死。

為了免於這種悲劇，我在過去十年中努力擠出獲利，把多賺來的錢拿去投資新創事業，這樣還不夠，我不惜讓當年度的獲利減少，也用來創新投資。

這樣東挪西湊，每年我大約擠出二〇%左右的獲利，以布局新事業。這些年我咬著牙，向董事會爭取支持，容許我繼續堅持新創事業，所幸我的努力獲得了董事會支持，為我們的轉型種下種子。

現在我們的新創事業有兩家公司已經搶灘成功，進入獲利的收穫期；我們的紙媒介轉型終於看到成果，我們已將傳統的紙媒介，裝上網路的翅膀，我們終於走出紙媒介消失的威脅。

專業經理人絕不可粉飾太平，透支今天的成果，把問題留給明天，這是企業最大的罪人。

---

**後語：**

❶領導者最正確的經營邏輯是用五年做思考，要確保未來五年都能維持好的營運狀況。若不然也要看三年，預估未來三年都要能保持穩定的成果。如果領導者只看當年度的成果，一旦營運逆轉，職位就不保了。

❷如果為了確保今年的成果，而刻意地挪移未來的業績，這就更不應該了。

# 24 結束前調整三年

前言：

營運不佳的單位，如果是結構性的問題，必須要預留兩到三年的調整期，要迫使單位主管，務必在兩到三年之內做調整，如果調整不成，就要清算結果。

尤其對有歷史的單位，一定要有「治七年之病，求三年之艾」的心理準備，無法短期見效。

一個營運團隊有一年結帳出現單年度虧損，我仔細了解這個單位的虧損並非單年的偶發現象，而是整體營運結構長期變壞，如果不下決心改變，虧損將會持續。

我找來單位主管，要求他限期一年調整，並持續觀察。我還告訴他，這個單位已進入最後的「黃金調整救援期」，只要沒能有效改善，就要面臨結束的命運。

這個單位主管非常認真地進行調整，除了想盡各種方法撙節開支、調整人力，也努力想開發新的業務模式，試圖尋找營運的第二曲線。

就這樣努力了一年，可是績效依然不彰，成本費用降低了，但營業額也隨之下降，整個單位依然出現虧損。而他所嘗試的新業務，也並未出現明確的成長。

到了第二年，我仍然約談這個主管，跟他講了相同的話，要他加緊腳步，儘快調整單位的營運。

這一年，這個主管持續努力調整，但做法並沒有新意，仍然採取相同的方法，當然也就看不到明顯的改變。

這一年的年中，我忍不住動手，從集團內找了一個新主管取代他，因為我很清楚，如果再沒能看到改變，這個已存在十餘年的單位就必須走上結束的命運，我很不樂意見到這個結果。

我給這個新主管一年半的調整時間，我也告訴他，如果不能有效改善，這單位就必須結束。

換了人之後，這個單位果真氣象一新，不再用同樣的方法，在同樣的市場中競爭；單位的核心定位也變了，與市場上類似的競爭對手，採取了非常明顯的區隔。前幾個月雖然業績並沒有明顯改善，但內部團隊的工作士氣卻明顯提升，大家都願意試試新的方法。

一年之後，這個單位的虧損明確減少，我也樂於給他們鼓勵，我告訴他們如果在第三年年底時，整個單位損益兩平，我願意提供一百萬元的獎勵，以供全團隊分享。

故事的結局皆大歡喜，這個單位不再虧損，如願拿到一百萬元的獎金，新的營運模式也逐漸成形，擺脫了被解散的命運。

這就是我清算單位的SOP：預先告知，給三年的時間調整，如果三年一到，沒有看到向上提升的曙光，就真的結束、清算。我非常不喜歡結束營運單位，尤其不喜歡結束有歷史的單位，我一定會想盡方法救回虧損的營運單位，但又不能漫無目的地容忍，所以訂了三年的調整時間。

這三年期間，一定是先內部調整，給原工作者機會。可是如果看不到成功的可能，我也會斷然換人，因為人的改變是一切改變的基礎，人變了，改變才會有可能。

**後語：**

❶ 如果是新創公司長期經營不善，也要設定營運調整期，通常三年的期間已經足夠，如果三年還無法逆轉，可能就永遠逆轉無望了。

❷ 調整的過程中，通常更換領導者是最有效的方法，我的經驗中有許多換人的經驗，只要一換人，工作方法一變，一切就改變了。

第四章

# 如何管理

# 如何管理？

領導者就是要管理公司，要帶領團隊，完成工作，達成目標；管理是非常細瑣的工作，從人到事、到流程都必須面面俱到。

領導者是最重要的把關者，每一筆支出都要經主管批核，要肩負稽核的責任，領導者一定會犯錯，犯錯了就要即時修正，領導者也可能是組織最大的問題根源，要知道時時自我檢討；而全天下的組織都有同樣的問題，不能抱怨，只能適應；領導者所有的作為都要禁得起公評，當團隊很小時，領導者要掌握熟悉所有的人；組織管理要講究紀律，有紀律才能成事。

# 25 主管應兼負稽核之責

前言：

企業所有的成本支出，都要經過主管批核之後，才能執行，但是主管要如何批核呢？又如何確認這筆支出是否屬實？是否合理呢？這時候主管就有稽核的責任，要確認真有此筆支出，又要確認支出合理，不可容許部屬有浮報造假的狀況。

Netflix執行長里德．海斯汀（Reed Hastings）出版的書《零規則》（*No Rules Rules*），談到有關差旅費用的規定時，說了一個例子：有一個台灣的員工，經常利用出差時，進行額外的個人奢華旅遊，然後報公帳支出。由於他的主管沒有仔細檢查他的單據，財務部門也未察覺有異，所以這位員工的詭計屢屢得逞。

直到公司察覺有異時，這位台籍員工已經多報了十萬美元的奢華旅遊費用，這位員工當然被開除了，可是公司也損失了金錢。

這是一個有趣的案例，有趣的點之一是善良的台灣人中竟然也會出現如此膽大妄為之人，實在是出人意料之外。有趣之二是竟然會有如此不成熟的主管，對屬下的報銷單據懵然不察，照單全收，置公司最基本的稽核系統於蕩然無存。

一般而言，公司的稽核系統都是事後抽查，並不直接管理員工。而一些規模較大、制度較嚴謹的公司才會有獨立的系統。

對公司運作進行抽樣式的稽核以外，大多數的公司都是由直屬主管兼負稽核的工作。

記得我剛當主管時，受到的第一個訓練，就是要仔細過濾部屬每一張報銷的單據，要確認單據是否屬實，也要確認金額是否正確，有無多報、浮報的現象。

在批核的過程中，最困難的就是金額大小是否屬實，同一筆出差費，可能是三千，也可能是五千，不管三千或五千都在情理之內，我要如何確認呢？我必須找到一個我能相信的方法，否則我不知如何審核屬下的報銷單據。

我檢查的第一個方法是確認名目是否需要？如為出差，先確認出差的目的，是否有其必要性？再確認出差的人數、天數、地點，是否正確無誤。

我曾經發覺出現無效率的出差行為，本來一個人去就可完成的工作，竟然去了兩、三個人，當我發現此一現象之後，就立即加了一條規定：出差時一定先向主管報備、核准，尤其是多人出差時，更要事先核准。

我檢查的第二個方法是為每一項報銷名目，找到合情合理的金額區間，如住宿費、膳雜費、交通費等，都要先找到合理的金額區間，只要同事的報銷金額在此範圍，我就可以逕行核准，如果超出太多，再請同事補充說明，解釋其合理性及必要性。

其實這第二個方法，就是要用我自己的消費水準，為所有的支出找到合宜的比較標準，只要我認為合理的，就可以核准。其先決條件當然是我不能是太大方或太小氣的人。

主管的稽核功能為什麼會失守？通常是因為過度自信，過度相信部屬。團隊彼此相處久了，因為熟悉，因為信賴，以至於就會忽略逐一檢查單據的習慣。而一旦部屬察覺你的信賴之後，他們就會心存僥倖，從權行事，弊端就產生了。

主管永遠是組織中防弊的第一線人員，永遠要兼具稽核之責，不可輕忽。

**後語：**

❶主管批核之時，第一要確認支出的名目是被允許的，是可報帳的科目。

❷主管是公司非常重要的審核關卡，一旦主管失守，公司的系統必然大亂，就會出現Netflix那種虛報奢華旅遊的狀況，而主管失守的原因，通常又是來自於放任式的信任。

# 26 在公開場合，主管要有當眾認錯的勇氣

前言：

領導者可以鉅細靡遺地追問細節，也可以糾正部屬的錯誤，但絕對不可以對部屬的個人提出謾罵。而當主管說出不當的責備時，最好要能即時提出更正，否則這會減損領導者的威信。

在一次全員的會議中，有一位編輯談及正在處理中的一本書。從我的判斷看來，主題不明確，賣相不佳，作者欠缺知名度，似乎是一本不應該出版的書，可是編輯卻已經排進出版的時間表中，我開始鍥而不捨地追問其決策過程。

「你理解作者的背景嗎？」「你詢問過作者開課的狀況嗎？」「作者有經營粉絲

團或者社群媒體嗎？」「作者在社群媒體上的粉絲有多少呢？」一連串的追問，都沒有得到令我滿意的答案。

編輯給我逼急了，冒出了一句話：「作者說，書出了，光是他的學生動員就可以賣五千本。」

這句話是我不能相信的事，這位作者的講課都是三十、五十人的小班，而真正做講師也不過是這幾年的事，時間並不長，而且他在網路上的知名度也不高，社群網站上的互動數，每則貼文也不過幾十個人而已，我說：「憑這些背景，你怎麼就相信作者的書，會有五千人買呢？」

接著換我脫口而出：「這種話你都相信，你是笨蛋嗎？」

此話一出，連我自己都嚇了一跳，我不斷告誡自己，無論如何，不可以罵部屬笨，而現在我竟然脫口而出「笨蛋」兩個字！而且竟然是在幾十個人的公眾會議中！

會議大約暫停了十秒鐘，我沒有說話。十秒之後，我開口了：「我收回『笨蛋』的說法，對不起，我說錯話了！」

一直到我道歉，會議才又回到正常的狀況下繼續開會討論。

另外有一次，我們十幾個人在討論一個案子，我發覺執行做法與上次的決議不同。上次的決議是一位女同事提出的意見，極具創新，大家都覺得驚豔，可是這次提出來的決議卻改變了，於是我問起改變的原因？

大家都把眼光投向一位男主管，原來是這位男主管用強力的手段，迫使大家放棄女同事的創意，改成新的決議，大家都懾於主管的權威，不敢反對，只能屈從！

我聽到這種狀況，脫口而出：「主管怎麼可以『強姦』民意呢？」此話一出，那位提出好創意的女同事，漲紅了臉，覺得這句話有影射到她！

我一發覺此事，立即改口說：「對不起，我用詞不當，我不應該用『強姦』兩字。」這樣才化解了會議的尷尬。

這兩個案例都是我當眾犯錯的故事，所幸我都在當下立即向所有人承認錯誤，並道歉。這雖然不能百分之百挽救錯誤，但至少做了補救，減輕傷害。

主管要知道自己也是人，也會犯錯，犯了錯就會傷害組織、團隊。如果主管不即時承認錯誤，傷害就會在組織中發酵、擴大，最後變成不可彌補的傷害。

**後語：**

❶領導者永遠會說錯話，做錯事，所以領導者不是期待自己不犯錯，而是犯錯時能及時察覺，立即修正。

❷許多主管會認為當眾認錯，有損自己的威嚴，以至於錯失更正的機會，要知道錯誤是對主管最大的傷害，認錯可使傷害減輕。

❸立即認錯非常重要，不要讓錯誤經過時間的發酵，而益發擴大。

# 27 一切都是主管的錯

前言：

當公司發生問題時，到底是誰的錯？是團隊？是組織？是工作方法？這些可能都是發生問題的原因。但一般而言，有一個更大的可能是領導者有問題，不稱職，不夠好，不會帶人，不會用人；領導者永遠是最可能的問題根源所在。

一位年輕的創業家來請教我：他的公司面臨了快速擴張的問題，整個組織從三十餘人，一下擴增到六十餘人，他覺得擴張後的團隊不夠扎實，主管不稱職，同事不夠幹練，問我該怎麼辦？

我問他：「如果你的團隊很好、很厲害，請問你是怎麼做到的？」

他回我：「是我挑對了人，並且加以訓練成好的團隊。」

我說：「這就對了，那現在團隊不夠好，是什麼原因呢？」

他回答不出來。

這是組織中常見的問題，主管最常抱怨的就是部屬不夠好，團隊不夠強，所以事情做不好，業績達不成，因此老是在追問如何讓團隊變好，讓部屬變強。

在我創業的初期，這也是不斷困擾我的問題。我的團隊缺乏能幹的人，缺乏主動積極的人，缺乏能做業績的人，也缺乏成熟幹練的人，我一直在找答案，如何找到好的人，如何培養能幹的部屬。

我設法到外面尋找好的人才，可是我很快就發現，好的人才都很貴，而且都被大公司搶走了，像我們這樣的小公司，付不起高薪，當然也搶不到好的人才。

所以外求是一條死路。我被逼得沒辦法，最後只好將就用現有的人，耐住性子，慢慢教、慢慢訓練。

我一方面訓練人，一方面建立制度，也調整公司的共識，並嘗試建立公司的組織文化。就這樣，我花了三年的時間，逐漸把團隊打造成一個能打仗的組織，把團隊中的每一個人培養成成熟幹練的人，從此之後，我就不再問有關團隊不夠好的問題了。

我是花了數年的時間，才找到這個問題的解答：團隊不夠好的原因是身為主管的我不夠好，我不應該對外找答案，而應該從自己身上找答案。

許多年輕的創業家以及主管，他們也和年輕時的我有一樣的誤解：把團隊不夠強、不夠好，視為組織無法達成目標，無法完成業績的原因，不斷對外尋找團隊不夠好的解決方案，可是永遠找不到答案。

殊不知，團隊不夠強、不夠好是結果，其原因是自己（主管）不夠好，不會當主管。因為主管不稱職，缺乏找到好人的方法；缺乏把人訓練成能幹的部屬的方法；也缺乏能力，建立起好的制度以及組織文化，讓團隊變成能征善戰的隊伍。一切都是主管不夠好，所以團隊才會不夠好；主管不好的因，導致團隊不好的果，身為主管及創業家千萬不要倒果為因，因為答案就在自己身上。

當主管認知到團隊的問題，起因是自己，才能閉門思過，修心養性，提升自己的管理能力，解決團隊問題。

---

**後語：**

❶我第一次創業時，一直虧損，無法改變，我一直在檢討原因何在？從環境、從內部組織，一直檢討到團隊，但都沒有成果，到最後我才想到一直都沒改變的是我，莫非我才是虧損的根源所在？當我徹底檢討自我、改變自己之後，公司的營運就慢慢變好了。

❷永遠要先檢討自己！

# 28 成熟的好主管應是「懶螞蟻」

前言：

公司經營永遠會有意外發生，當發生意外時，誰來救火？

如果公司在營運上，人才已緊縮到最小，完全沒有任何人力上的「餘裕」，那一遇意外，勢必捉襟見肘，所以公司在經營上應保持一定的「餘裕」，要有人扮演組織中「懶螞蟻」的角色。

日本北海道的一位教授長谷川英佑做了一項實驗，將九十隻螞蟻分成三組，觀察螞蟻的日常行為，發現每個小組中都有二〇％的螞蟻不做事，牠們要麼不動，要麼就在巢穴四周閒逛，這些螞蟻就是「懶螞蟻」。

但這些懶螞蟻並非完全不做事，當長谷川把螞蟻的食物來源斷絕之後，所有努力工作的螞蟻都慌了手腳，不知如何是好。可是這些「懶螞蟻」的功能就出現了，牠們會不慌不忙地帶著所有工蟻，尋找新的食物來源，解決了困境。

原來這些「懶螞蟻」不是不做事，牠們一直在巢穴四周探索及搜尋，以便一有狀況出現時，能找出新的方向。

這就是組織中的「懶螞蟻」效應。組織中一定不是所有人都在努力工作，一定要有人空著手，有餘裕應付突發狀況，因為他們空著手，才能夠頭腦清晰，能夠應付意外事件的發生。

可是一般的組織設計，並不會有「懶螞蟻」這種角色，因為組織強調公平，每個人都要有分工、有工作，並不會有人特別擔任救火隊的角色，所以在正常的組織中，是不會出現「懶螞蟻」現象的。可是組織要如何應付意外的變局呢？又是誰來扮演「懶螞蟻」的角色呢？

根據我數十年的管理經驗，組織中一定需要「懶螞蟻」的角色，懶螞蟻要負責綜覽全局、規劃未來、應付意外的變動，帶領團隊找到新方向。而組織中大多數的工作者，都是工蟻，每天應付例行工作，完成例行任務，他們通常只知道今天要做什麼，現在要完成什麼任務，對未來一無所知。

那組織中誰是「懶螞蟻」呢？我的答案是成熟、幹練的主管。

一般而言，剛剛升任的主管，通常忙於組織中每天發生的例行公事；由於團隊的人手不齊，成員的成熟度也不夠，這樣的新手主管每天滿手工作，急於今天要完成的任務，本身也就是一隻工蟻，根本不可能是懶螞蟻。

主管必須要把團隊整理完成，讓每一個職位都找到稱職的人，也把每個人訓練成幹練的工作者，然後再把所有工作分配給團隊中的每個成員，而自己手上不留任何例行工作；所有工作，整個團隊都能有效完成，主管則只剩下驗收與檢查，這樣的主管才是成熟的好主管。

成熟的主管每天可以喝茶看報，靈台清明，從例行工作中脫身，思考組織的未來。這樣的主管就是空手無所事事的「懶螞蟻」！

空手的懶螞蟻主管最高境界就是：今天的事團隊做，未來的事我來想。今天你做，明天我想；好主管要空出手來，仔細思考組織的未來發展。

空手的懶螞蟻主管另一項重要的工作就是要應付意外的事件發生，由於沒有例行工作拘束，一有任何意外，懶螞蟻就可以第一時間投入救火，控制災情。

**後語：**

❶一般而言，任何組織都不會有空手沒事的預備人力，一旦有意外發生，通常領導者就要扮演救火的角色。

❷如果是上軌道的組織，領導者把絕大多數的工作都分派給團隊負責，而自己只擔任溝通、協調及支援的角色，那領導者就是組織中的「懶螞蟻」，是組織中的「餘裕」。

# 29 每家公司都有三多

前言：

全天下的組織大都有同樣的問題，一定有不稱職的工作者、豬隊友；也一定資源不足，要什麼沒什麼；也一定有本位主義，每一個部門、每一個人都死守自己的事，不易與其他人配合，更缺乏整體觀念。期待公司中沒有這些問題，是不可能的。

一位能力不錯的主管，來向我辭職，我問他為什麼要離開，他很爽快地訴說他的抱怨。

「我們公司有三多，這三多讓我沒辦法專心工作。第一多是豬隊友，有太多很笨的同事，經常做錯事，要別人來收拾善後。第二多是公司的資源不足，要做任何事，都要工作者挖空心思，想盡辦法，才能找到一點資源；多數時候，我們還要空手入白刃，沒有資源也要做事。第三多是各單位本位主義，每個單位主管想的都是自己部門的利益，完全沒有整體觀念，部門間無法配合，很難做事。」

他的直言，讓我很吃驚，但也讓我有機會了解真相。可是聽完之後，又讓我哭笑不得，這三多，哪個公司沒有啊？如果這樣就要辭職，天下還有公司可以去上班嗎？

在我剛開始上班的前十年，每天都在為這三多困擾。

我的第一個工作是記者，記者除了獨立採訪新聞外，遇到重大事件，經常要跨單位協同作業，每個記者各寫一段，湊成一個完整的報導。經常的狀況是協同作業的記者，採訪不到我們要的新聞，逼得我們只好臨時變招，更改報導角度。還有時候，新聞有採訪到，但是稿子太多，來不及寫，這時候我就要下手代筆，協助完成。

當時還沒有豬隊友這種名稱，我只是覺得這些夥伴不稱職，弄得我必須勉強配合，有時我甚至想，不如我一個人做還俐落些，跟別人一起工作，就是痛苦。

我的第一個工作，後來轉調到業務單位，我被賦予的任務是辦活動，用活動來提升報紙的品牌印象及知名度，可是報社完全不提供財務支持，預算是零。

我必須先寫出一個有創意的活動企劃，然後再拿企劃案出去募款、找企業贊助，募到足夠的金額後，再執行整個活動，達成提升品牌、增加報份的目標。

我當時十分困擾，覺得報社並不是沒有錢，只是不願意出錢，非要我們去對外募款，這不是資源少，根本是完全不給資源；當時我問主管為何如此？主管的回答很妙，報社這麼大的招牌隨你去用，怎麼會募不到錢呢？我聽了，夫復何言！

我在辦活動的過程中，總需要各單位配合，例如要編輯部配合一些報導，給贊助廠商一些好處，也增加活動聲勢。可是當我請求配合時，感受到編輯部是高高在上的單位，他們的版面很珍貴，不太願意配合我們業務單位的活動，要不就是給一小塊很不重要的版面，打發我們。

我當時十分生氣，心想，我也是為公司做事，我為什麼需要這樣求爺爺告奶奶，這麼低聲下氣呢？我覺得這些單位實在太本位主義，不知好歹了！

所幸我並沒有因為公司中充滿了這三多而辭職，而是想辦法與三多共存。後來歷經各種職場、各種環境，我終於體會到「三多」是組織的常態，任何組織都有「三多」，為「三多」而離職是不明智的。

**後語：**

❶三多是每一個組織都會有的必然現象，面對三多，不能抱怨，抱怨於事無補，只能想辦法適應，也不能逃避，因為換到任何組織，都會有一樣的狀況。

❷資源不足不見得是真的資源不足，而是公司要用最少的資源，完成最大的成果，所以不願給予充足的資源。

# 30 所有的決定都是判例

前言：

身為領導者，所有的一言一行，都看在所有的人眼裡，所作所為都要禁得起公評。

領導者的任何決定，都隱含著一種意義，就是任何人遇到一樣的狀況，領導者都會用同樣的方法對待，這是組織的一致性，也是組織的公平，所以任何決定都要審慎。

我想加一個主管薪水，我要人資把所有主管薪資都告訴我，並告訴人資，如果我加這個主管多少薪水，請人資研究，這樣對其他主管公平嗎？有沒有其他主管也相對被低估？

一個同事出差，想在國外順遊度假，要多請幾天假，我能准嗎？

一個同事，去上了ＥＭＢＡ，每週一因為要上一堂課，必須提早下班，提早兩個小時離開辦公室，我可以同意嗎？

類似狀況不勝枚舉，辦公室總會發生各式各樣奇怪的事，都會需要我做決定，准許或不准許。而我在思考如何做決定時，除了設想這件事本身該不該准的同時，我想得更多的是：如果准了這件事，對所有的人公不公平？如果其他人也發生類似的事，是不是也可以比照辦理？如果不能比照辦理，我的說詞又是什麼呢？總之，許多決定，對我而言，都應該變成公司組織中的判例，任何人發生同樣的事，都應該有同樣的判決結果。

主管的任何決定，所有的同事都看在眼裡，他也會假設，當他們發生了類似的事，也會得到相同對待，這是組織中最基本的公平原則：任何事一視同仁，要同意，所有人都同意；要不准，所有人都不准。

因此主管的任何決定，考慮的不只是這件事情本身該不該同意。單一的一件事，很容易思考，准或不准，影響都不大，可是一旦變成組織中的判例，就不得不慎重，影響必定深遠。

我加了一個人的薪水，對所有人來說，是不是公平？這就必須評估。如果我同意同事因公出差時，可以同時請假在國外順遊，那所有人出差都可以順遊。如果我同意一個人可以因進修而提早下班，那任何人都可以因進修而改變上下班時間，這些裁決都必須變成大家可以比照辦理的規定。

組織通常有明訂的辦法、規定，那是對經常發生的事所訂的規則，可是組織中每天都有偶發的事，每一件事都要仰賴主管的裁決，而每一項裁決，都理應是日後依循的判例！

主管必須有「任何裁決都會形成判例」的認知，小心謹慎地做決定，要考慮到當全員適用時，對組織所可能產生的衝擊，絕不可從單一事件的角度，輕率做決定。

這其實是法治的概念，任何決定都禁得起法理的檢驗，也禁得起公平的檢驗，這與因人而異、因人設事的「人治」不同。

或許有的主管會有從權、便宜行事的想法：只要這個決策祕而不宣，要求當事人閉嘴，不對外公開，那就可以避開形成判例、全員一體適用的困擾。

這完全違反了企業經營另一條重要法則——透明公開；而且整個決策一定會涉及當事人、相關承辦人等，都可能留下各種證據，想保密並不容易，一旦公開，主管必然威信掃地，因此主管千萬不可有保密、從權的想法！

**後語：**

❶如果領導者的決定，以後的人不可以比照辦理的話，領導者必須事先說明，這次是例外，以後不會再發生相同的事。

❷領導者的任何決定，都會變成組織的潛規則，當大家都可以比照辦理時，主管的公平才會確立。

# 31 每一季做一次當面檢視

前言：

當團隊不超過三十人時，這麼小的規模，通常是在領導者兩眼所視的範圍之內，要能鉅細靡遺地綜覽全局，那掌握每一個工作者的工作實況，就是成敗的關鍵。

每季和每一個人做一次「一對一」的當面檢視，這就是必要的工作。

在我所帶領的團隊不超過三十人時，對團隊中的每一個人，我都保持著每一季做一次當面檢視，檢視的內容包括：他所做的工作，成效如何？方法對不對？態度是否正確？與其他同事的相處如何？有沒有任何可以改進的地方？

在做完檢視之後，我還會以主管的身分，提供我對他的回饋意見，這包括我所見到的問題，他可能有的缺點或短處，他應該努力增強學習的地方；我會希望他要限期改進。

我和部屬的見面檢視，除了每季做一次之外，每隔一、兩年，我還會與部屬坐下來仔細談談對他的未來生涯規劃。我會從他現在所做的工作，去分析其未來成長的可能，並建議他未來應設立什麼樣的目標，並如何朝著目標去努力邁進。

我為什麼要這樣做？理由很簡單，當我們還是小公司時，團隊很小，人員很少，也用不起足夠的人，長期公司都處在極精簡的情況下，我必須鼓勵所有人都多走一步、全力以赴，公司才能勉強應付。而每季一次的當面檢視與溝通，就是我與所有團隊成員達成共識，並進一步激勵他們的方法。

每次的當面檢視，都是一次面對面交心的機會，我首先會引導他們對幾個月來的工作提出報告，可以按時間序說明，也可以按工作項目簡報。我還會引導他們分享他們的好成果，說出值得驕傲的成績。當然也會要他們提出檢討，對這段時間以來所做的錯誤，應如何改進。

我們盡可能像朋友一樣聊天，而不是長官與部屬，我們檢視的目的是在加強彼此的了解，期能在未來配合上更順暢。

而我對部屬的回饋，也會盡量具體，告訴他能做的事，如何改善，如何加強，期能使他可以據以遵行。

當然我也會代表公司，告訴他未來的政策方向，好讓他能配合公司推動工作。每一次當我做完當面檢視之後，我都可以清楚察覺這個員工的工作動機、投入，有明顯的提升，而且會做出明確的工作成果，為公司帶來良好的績效。

這是主管激勵部屬、提升績效最有效的方法。也是主管關心員工最具體的作為。

許多公司會強調員工是一家人，也有主管會說員工是最親密的夥伴，或者員工是自己人；可是員工如何感受到公司的關心、主管的愛護呢？

如果主管對部屬只是分派任務，追蹤工作，要求績效，那部屬只是主管完成工作的工具而已，主管的關心只是口惠而已！

定期的工作檢視，是主管關心員工最清楚的表現。如果因為團隊太大，也可以改為半年檢視一次，但最多不可超過一年，一年檢視是最長的極限，超過一年，主管的關心將大打折扣！

---

**後語：**

❶三十人以下的小團隊，領導者要叫得出每一個人的名字，要了解他們每一個人的工作，也要了解他們每一個人的脾性和家庭狀況，這才能使團隊力量發揮到極致。

❷每季一次「一對一」的面談，除了談工作、談成果之外，還可以聊家庭、聊個人的興趣，以交流感情。

# 32 好老闆變成全公司人緣最差的人

前言：

一個好老闆靠自己的力量撐起了公司絕大多數的生意，也提供了員工非常好的薪資福利，但內部放任員工做事，不講究紀律，公司內問題重重，迫使老闆只好盯著員工做事，結果老闆變成公司內人緣最差的人。

日前參觀一家新創公司，這家公司已有穩定的業務基礎，每年也有不錯的獲利，而創業者也非常愛惜團隊，除了給團隊還不錯的薪資結構，日常的福利也不少，除了供午餐、晚餐，下午還有點心，從外界看來，這是一家典型的幸福企業。

可是這家公司的營運重心，完全在創業者身上，這位創業者是一位業務能力極強的銷售員，每年為全公司帶進了八〇％的業績，可以說公司的命脈完全在這位創業者身上，所以這位創業者也就每天在外面跑業務，而公司內的管理，完全放任員工自行管理，長期下來，公司運作逐漸產生問題。

由於這家公司做的是專案服務的生意，每筆生意都要服務幾個月到一年左右，一定要把客戶的問題解決，才能結案。而這家公司發生的最大問題，就是能接生意，但卻結不了案，有的生意拖延了一年以上，卻結不了案，以致引起客戶許多抱怨。

一旦發生這樣的事，這位老闆總是不斷告誡員工，要如期結案，卻也提不出有效的對策，老闆的碎碎念成為公司的常態。

日子久了，公司裡產生了一種說法，認為事情為什麼做不好？就是因為老闆碎嘴，太會念了，影響了員工的工作情緒。

這位創業家聽到這種說法，傷心極了，他心想自己每天為公司勞心勞力，努力在外奔波、找生意，也盡可能給團隊好的福利，好的回饋，沒想到沒得到員工認同，還招來員工抱怨。「我竟然變成全公司人緣最差的人！」老闆十分痛心。

老闆的打擊尚不止於此，為了讓公司運作上軌道，老闆找來了外部顧問，針對公司內的問題進行員工訓練，也一方面進行組織改造的準備。可是員工的配合意願不高，有人甚至說：我們正常的工作都做不完，上這些課，不如讓我們去做事，更加實際而有用。

老闆聽了，覺得團隊不上進，不知好歹，竟然覺得上課進修沒有用處！

這家公司出了什麼問題？這家公司的問題完全是因為老闆的能力與善良。

因為老闆有能力做業務，才能以一己之力，撐起全公司的生意，因為有生意，全公司才能過著幸福快樂的日子。

也因為老闆善良，才會在內部營運上，完全放任團隊自行運作，完全相信團隊的自我管理能力，而不加以任何約束。以至於當業務結不了案時，公司竟然毫無對策，只能靠老闆嘴上說說而已。

這位創業者靠自己的能力，把公司營造成一個溫馨的大家庭，讓每個員工都過著舒適安逸的日子，但卻沒有營造使命必達的紀律，所以才會導致事情沒有如期完成，卻只要一句：「我太忙了」，就會被大家原諒；而當有人為此多說兩句話，卻也會變成事情做不好的理由。

老闆要善良，也要要求紀律，才能讓公司有效運作。

**後語：**

❶這是一個真實案例，從好老闆到變成公司內人緣最差的人，起因都是因為缺乏紀律；不講紀律，組織懶散慣了，做不成事。最後的結果是老闆狠下心來，重新要求，不惜讓不能配合的員工離職，整個組織打掉重練，才使公司回到正軌。

❷缺乏紀律的公司，不可能成事。

第五章

# 如何建團隊

# 如何組團隊、建組織？

企業經營最重要的是「組團隊、訂制度、建組織、立流程」，所以團隊與組織是第一要務。

但團隊要強調適才適所，任何職位都要找到合適的人來做，要針對需求找人；組團隊也要注意，除了要求團隊努力工作外，也要儘可能營造團隊愉快的工作氛圍，讓團隊能士氣高昂；團隊也要要求每一個工作者都是稱職的人，不可以有問題人物，有問題人物就要及時更替。也要避免團隊活在舒適圈中，必要時要迫使他們從事創新。團隊中不能只看到傑出的工作者，也要注意其他默默工作的員工。

組織要注意規模，三十個人以上的組織就要分工設職、授權經營，組織的員工福利不可以是人人可有的齊頭式現象；也要讓所有的主管都感受到賺錢的責任，而CEO自己也要有系統性自我檢討的制衡機制。

# 33 就讓二十五歲以下的年輕人去做吧！

前言：

每一個工作都有適合的年齡層，如果想做年輕人的生意，就要用年輕人去經營，才能適合消費者的需要。尤其網路世界，都是年輕人的天下，許多網路的新創公司，都是二十九歲的年輕人做出來的，他們才了解年輕人的需求，才了解年輕人的語言，千萬不要用老人去經營年輕人的生意。

集團的高階主管會議，談到未來數位多媒體的營運方向，討論了兩個小時，莫衷一是，得不到明確的結論。

我們熟悉的經營內容、衝流量，然後再將流量變現的生意模式，似乎找不到可以獲利的生意方法。

可是新的網紅經營法，都是二十幾歲的年輕人，他們用的語言、方法，這些都不是我們會做的事。

就在大家都找不到方法時，一位主管冒出了一句話：「那就找二十五歲以下的年輕人去做吧！」此言一出，大家面面相覷，可是又好像言之成理。

這位主管繼續說：「我們都太老了，現在的網路生態，都是二十幾歲的年輕人當道，他們是數位原住民，知道要用什麼語言，要如何和網友溝通，只有他們才能創造出合乎潮流的流量。」

確實，我們一起開會的人，除了我六十餘歲以外，其他多在四十多歲，最年輕的也有三十多歲，我們真的都太老了，老到無法迎合現代的數位生態。我當場下了一個決定：「那就找二十五歲以下的年輕人來做吧！」

接著我們開始討論公司裡有哪些年輕人符合此一標準，發覺公司內可用的年輕人，也都已經二十六、七歲，二十五歲以下的人都還只是剛到職的助理。於是我們決定就以這些二十六、七歲的小朋友為主力，再去招募更年輕的人一起來經營網站。這個事件，對我的啟示就是，要做什麼事，就要找正確的人來做，千萬不要遷就現成的人選，勉強將就使用，這永遠不會有好結果。

我想起了我們從平面的紙媒介，開始發展網路事業的前幾年，我們也一直一事無成，主要的原因就是我用原來經營平面印刷媒體的工作者，轉去經營網路公司，而不是用原生的網路工作者；人不對了，事情就永遠不會做對。一直到後來，我直接去併購了網路原生的痞客邦，再讓痞客邦和紙媒介公司互相交流學習，最後才有成果，我們終於成為網路的全媒體公司。這也是要用對人的經驗，打水戰就要用海軍，不可以用陸軍去打海戰。

而在此次我們進行數位變革時，其實犯了另一個錯誤，就是迷信高階主管的經驗。我們一直用四十多歲的「老人」，負責操兵，然後再領一群三十多歲的團隊，嘗試去經營要以流量取勝的社群媒體，並試圖培養出新的網紅。一群「老人」所組成的團隊，卻要去經營年輕人才會做的事，當然不容易成功。

我們下決心，要讓二十五歲以下的年輕人去做，雖未必一定成功，但至少我們避開了用「老」人必然失敗的方法，或許能走出一條路來。

---

**後語：**

❶如果辦公室中缺乏年輕人，就要刻意招募一些年輕人進來，而其主管也要是年輕人才可以。

❷找到年輕人來負責，就要放手讓他們去做，千萬不要再下指導棋，用老人來指揮年輕人。

# 34 關鍵時刻，挺身而出

前言：

安排部屬出任重要職務時，有時不可以直接指派，因為可能不符合當事人的意願；身為執行長，需要迂迴地耍點小手段，才能輾轉完成派任的工作，讓當事人主動請纓上陣。

在我數十年的工作生涯中，我永遠會記住幾個部屬的作為，他們都在關鍵時刻，挺身而出，解決了公司的困境，也解決了我的為難。

有一次，我們費心培育的一個網路公司執行長因故離職，留下一個群龍無首的公司。我找來這家公司的業務主管，請他先行代理，他告訴我暫時代理可以，但是請我一定要去找一個真正合適的人來負責，他承擔不起這樣的責任。

之後幾個月，我努力地去找人，用盡了所有的方法，找朋友介紹，找獵人公司物色……可是始終沒有著落。我逐漸感受到，這家公司很難找到合適的執行長人選。

難找的原因在於，這家公司在當時還屬於新創事業，仍然大幅虧損，也尚未找到穩定的生意模式，接下執行長的工作無疑是要跳火坑，所以很少有人會願意在這個時候以身犯險。

於是，我決定放棄找人，並且召開了一場決策核心的小型會議，連我總共五個人，其中三個人是這家公司的重要主管，另一個是集團中的高幹，我想調他來接任這家公司的執行長。

會議開始，我開門見山地說，我已經努力了幾個月，只是一直找不到合適的人。接著，我問那位集團中的高幹可不可以轉任，也分析了他適合接任的原因。可是這位高幹直接了當地拒絕了，說他對現在的工作很投入，還有許多宏大的計畫正在展開，尚未有成果，他不可能放下不管。

接著我又說，另一個可能是從現有的團隊中升一個人上來，有人願意嗎？在場的三個人都默不作聲。

最後我沒辦法，只好說，如果都沒有人願意挺身而出，只有我下來兼著做了，我「老人家」只能勉力而為。

我一出此言，整個氣氛就嚴肅起來，大家面面相覷。最後，那位代理執行長的業務主管開口了：我們怎麼可能讓何先生下來做這件事呢？那就我來做好了！

這原本就是我想要的安排，只是他一直拒絕，我只好繞了大圈子，我非常感謝他挺身而出。

另一個故事發生在對岸。我們曾經在中國合資成立一家千萬人民幣的公司，需要派出一位全責的總經理。由於這個職位要負責嫁接台灣的資源，必須非常了解我們公司的運作，不可能向外找人，只能在內部調任。

我把所有可能的人選仔細盤過一遍，發現每個人都忙於手邊的工作，實際上有困難，意願上也沒人願意。整整一個月，我找不到答案，所有主管也知道我為此困擾。

我已經在盤算，要是不得已，我只好御駕親征。就在必須做出決定的最後兩週，一位主管來找我，說他不忍心看我親自下海，他願意去。我喜出望外，如獲大赦！

我永遠感激這些部屬，他們能放棄個人利益的小算盤，不計毀譽，出任艱鉅，解決了公司的困難。

**後語：**

❶如果核心團隊之中，具有足夠的認同與共識，許多事是可以商量的，而不是用冷冰冰的命令；大家可以打開天窗說白話，這是團隊間最好的共識。

❷一旦大家覺得有共識存在，就會互相體諒，如果真的有人要出任艱鉅，大家都會衡量誰最合適，而不會互相推諉。

# 35 有一個沒有用的人，不如沒有

前言：

領導者常常因為人手不足，而勉強任用一個不很稱職的工作者，也可能因為仁慈，而不忍心讓有問題的工作者離職。

我打橄欖球的經驗，就說明了有一個沒有用的人，不如沒有，絕不可以容忍不稱職的人存在組織中。

大學三年級時，到台南參加大專盃橄欖球賽，第二場政大對上海軍官校，雙方勢均力敵，戰況激烈，打完上半場，雙方三比零，我們輸了一個射門的罰球。

下半場開賽五分鐘左右，對方持球進攻，對著我而來，我很本能地反應，對他飛身擒抱，沒想到他不閃不躲，直接抬起大腿，用膝蓋對著我的頭而來，我的頭撞到後倒地不起；大約三分鐘後，裁判把醫護人員及擔架叫進場，準備抬我出場。這時候，我忽然自己爬起來了，裁判看我站起來就問：現在在比賽，你知道嗎？我沒說話，點點頭；裁判又問，那你們攻哪一邊？我又沒說話，用手指了方向，完全正確，於是裁判吹哨，繼續比賽。

可是從繼續比賽開始，我完全無意識地在場上漫遊，對方攻過來，我完全沒有反應，也不會防守，放任對方從我身邊過。就這樣，我變成完全不設防的空檔，因為我而輸了兩、三個球。我的隊友才發覺我的狀況有異，才開始當我不存在，補我的空缺，從此就不再輸球。

直到臨結束前大約三分鐘，我忽然清醒，知道在比賽，我問隊友狀況如何，隊友不作聲不回答，隨即比賽結束。因為我沒知覺地在場上漫遊，讓政大多輸了十四分，比賽結果：十七比零。因為我暫時性的腦震盪，毫無意識，我們輸掉了比賽。

這讓我得到一個一生的教訓，只要是團隊，每一個都要是有用的人，每個人都扮演一種角色，都有功能，如果有一個不是稱職的人、不是有用的人，那團隊就會出現空檔，出現大問題，有一個沒有功能、沒有用的人，不如沒有！

如果團隊少一人，整個團隊都知道少了一個人，大家都要多跑一步，多補位，把少一個人的空位補起來，這樣團隊也可以運作。就像橄欖球賽時，常看到有人犯規被罰下場，只好以少打多，但彌補得好，球隊還未必會輸。當大家都知道少一個人時，每一個人都提起精神，全力以赴，事情仍有可為。

可是如果有人，卻是一個沒有用的人，沒有人驚覺到少了一個人，也不知道要補位，但這個人沒有功能，完全不負責任，不做他應該做的事，那麼團隊就會出現大空檔，出現失誤，出現大問題；一個沒有用的人，會使團隊出現大的災難。

就像我在球場上漫遊一樣，變成對方得分的機會，我一個人害球隊輸掉比賽。

這個教訓影響了我一輩子，我永遠引以為戒：寧可缺一個人，而絕對不用沒有用的人。我絕對不會因暫時缺人，而讓一個不稱職的工作者，勉強存在團隊中。

所以我帶領團隊，最重要的一件事，就是確認團隊中的每個人，是不是都是稱職的人。如果發現有不稱職的人，我就要全力調整改變他，在最短的時間內，設法讓他變成一個稱職的人。而如果不能改變，就要立即趕走他，寧缺勿濫。

---

**後語：**

❶身為領導者一定要仔細分辨團隊中的每一個人，誰是好工作者、誰是壞工作者，對壞的工作者要限期改正，如不能改正，則要立即讓其離開。

❷不稱職的工作者，必會打亂團隊的步驟，一旦他失誤，別人就要替他補位，他會變成「木桶定律」中那一塊最短的木板，變成漏水的根源。

# 36 二枚腰的逆轉力

前言：

調整下屬團隊主管的經營狀況，是我做執行長每天的工作。我的下屬團隊經營狀況起起落落，當他們業績不好時，我就要給主管們打氣，鼓勵他們振作起來，這並不是件容易的事。

一個主管近一年業績明顯下滑，他想盡方法改變，始終未見成效。我知道這是走下坡的生意，是環境使然，因此在每月業績檢討會，也不忍多所責備，只是關心地多問兩句。

沒想到這位主管十分沮喪，眼眶泛淚，表示他已盡力，但毫無成效，未來也不知如何是好。由於會中還有其他主管，不方便仔細討論，於是我先結束會議，會後留下他深談。

我首先鼓勵他繼續努力，不要自暴自棄。沒想到話才一開口，他就哭了起來。他說：真的已經想盡各種方法，但今年的業績始終比起去年下跌兩成，他開始懷疑自己是否能力不足，是否不能勝任此工作。

我斬釘截鐵地說：「你是我帶過的部屬中，十分傑出的人才，千萬不要懷疑自己的能力，不要遇到挫折就否定自己！」

他覺得我是要安慰他，所以這樣說，仍不太相信。我只好再次強調，我做這個行業三十餘年，他是我少數見過的人中，不論製作產品、訓練團隊、創意發想與應變市場的能力，都是頂尖的人才；雖還不是最好的人，但也已經接近了，希望他對自己要有信心。

我告訴他：工作中總是有起有落，順手時不要驕傲，逆風時不要氣餒，逆境時最能看出一個人的能耐。一個人如何克服低潮，逆轉環境是必須學會的本事，人生總是起起伏伏，高潮過了就要面臨低潮，面對低潮，不沮喪、不氣餒、不放棄，堅持到底，要能從逆境中走出來，這才是完整的人生。

我舉了圍棋國手林海峯的故事。林海峯被稱為「二枚腰」，這是形容林海峯常在陷入劣勢時，總是能穩住，不屈不撓，不放棄，與對手持續搏鬥，而往往就在絕境中，找到險中求勝的機會，一舉逆轉戰局，這就是「二枚腰」。所以任何人遇到林海峯，就算是局勢大好，也都不敢輕忽，因為林海峯隨時都有可能逆轉戰局。

我仔細探究這位主管為什麼會遇到這樣的困境，我回想他的工作歷程：從一進公司就表現十分良好，做成了不少專案，所以很快升成小主管。在小主管的過程，業績也一路成長。過了幾年，當他的老闆升遷後，他順理成章取代老闆，成為大主管，負責了整個團隊的成敗。

這應是他第一次遇到挫折，偏偏這次有相當的難度，並不容易克服，他在嘗試幾次改變後未見成效，信心大受打擊。

面對逆境的逆轉力，通常是好主管的最後一塊拼圖。順境時，主管表現的是能力，能力可以完成工作，創造業績，成就豐功偉業，但這樣的主管還不夠，一定要再歷經逆境的考驗。

逆境考驗的不只是主管的能力，更重要的是考驗心性，要能夠沉得住氣，受得起折磨，堅持到底。這時主管要打敗的是自己，不是環境；要走過逆境，才是真正的好主管。

**後語：**

❶主管的心情會隨著業績的起伏而改變，也不是好主管就一定沒有情緒，每個主管的情緒會輪流出現。

❷比較成熟的主管，情緒的恢復期會比較短、比較快，較年輕的主管則反之。

# 37 小心好部屬的「燈下黑」現象

前言：

幹練的部屬，通常是光芒萬丈，讓主管只看到他一個人，而看不到團隊其他成員的貢獻與能力，這就是好部屬的「燈下黑」現象，忘記了周邊可能還有其他能幹的人。

一個傑出主管被別的公司用高薪挖走了，由於這個主管一向對公司十分認同，是我們積極培養的人，因此在他的團隊中沒有積極栽培替代人選，所以他一旦離職，我們就陷入替代人選的慌亂中。

他們的上層主管找我商量，這位上層主管告訴我，由於這個職位很重要，一時三刻要立即從市場找替代人選似乎並不容易，所以他的意見是先從團隊中升一位上來暫代，再慢慢尋找合適人選。我尊重他的意見，但團隊中有合適人選嗎？

他告訴我，他也沒把握，但可以把原來的副手升起來，試試能不能暫時用用看。我們就讓這位副手暫代主管職，姑且一試。

不幸的是，這個剛升起一個新主管的單位，立即遇到一件意外事件，對整個單位都是重大考驗，我們看在眼裡，但也只能看著這位新主管如何應付。

沒想到這位新主管很快速地就完成了一份因應報告。我因為不放心，所以要他來直接向我報告。他報告時條理分明，利弊得失分析得十分清楚，應變措施也很得宜，讓我頗感驚豔，看起來是一位可期待的主管。

經此一役之後，我們都對這位暫代的新主管刮目相看，經過幾個月之後，這個單位蒸蒸日上，比原任被挖角的主管做得還好，讓我們都十分意外，對這樣一位好的主管，我們竟然事先對他一無所知；要不是他的主管忽然離職，空出職位，他根本沒有機會出頭，我們可能讓一位好人才，埋沒在團隊中。

我仔細檢討我們公司中有什麼問題，竟然忽視了一位好員工？經過仔細思考後，我發覺我們對傑出主管的「燈下黑」現象毫無察覺，才會犯此錯誤。

所謂「燈下黑」是生活中的自然現象，如果在一盞燈下，有個東西擋住了燈光，就會形成一片黑影，黑影之中什麼都看不見。

我們公司的人才評估發覺系統，就像是一盞燈，理論上要照遍公司每一個角落，讓好的人才都能被看見。可是之前被挖角的傑出主管，就像擋住燈光的龐然巨物，讓我們看不見他團隊中的人才，整個團隊所有人都在「燈下黑」中，讓我們忽視了其中可能存在的好人才。這就是好主管的「燈下黑」現象。

為了糾正此一錯誤，我除了立即將這位暫代的主管真除扶正之外，也給自己做了幾點提醒，以免再錯失好人才。

一、如果發覺一位好的團隊主管，一定要同時注意所有團隊成員，因為好主管一人不能成事，除非他的團隊中也有好的同事，所以所有關注不能只在這位好主管身上，還要兼顧旁邊的員工。

二、要求好主管要提出「接班」計畫，要培養繼任人選，以準備他升遷時，隨時可以替代，這樣他團隊中的好人才就不會被忽視。

三、大老闆關愛的眼神，不能只在傑出員工身上，也要注意默默工作的員工，才不會錯失人才。

**後語：**

❶每個領導者都喜歡傑出員工，遇到傑出的員工，通常都會全力給予空間，讓他們發揮，而忽略了周邊其他的員工。

❷面對好的員工，也要同時注意周圍的團隊成員，並準備可能的接班人選，因為好員工很可能很快就會升遷。

❸領導者的眼光不能只在傑出的員工身上，也要注意其他默默工作的員工。

# 38 當團隊超過三十個人以後……

前言：

三十個人的組織，是領導者能用一個人的精力管理的極限，並不需要靠中層主管，就可以指揮若定。

但超過三十個人，領導者一個人就不夠用，一定要分工設職，分層負責，要靠組織運作來管理。

在我剛創業時，只帶領了一個二十多個人的小團隊，後來逐步擴張，團隊一下子變成五、六十個人，這時候我非常不適應，歷經了很長時間的改變，也歷經了煎熬。

在團隊只有二十幾個人時，我兩眼所視，兩手所指，全公司都在我的掌握之中，每個人我都熟識，對他們做的事也都瞭如指掌，我能輕鬆愉快地指揮每一個人；中間雖然有幾個中層主管，但我幾乎感覺不到他們的存在，我習慣了直接指揮，直接發號施令。整個組織對我綜覽全局的行事作風，也沒有任何意見，大家都習慣了我的作風。

可是當組織擴張到五、六十個人之後，我綜覽全局的行事作風就不能成立了。因為我無法認識所有人，也叫不出每個人的名字，對他們所做的事更無法全然了解，我再也無法把全公司放在我兩眼所視的掌握之中！

不只是我不習慣，許多團隊中的老同事，也向我抱怨：他們不喜歡公司中的組織氛圍，過去的公司人數少，大家都十分熟悉，感情親切，而且時常有機會與我互動，大家十分團結；可是現在人數變多了，來了許多不認識的人，感情疏離了，也不太有機會與我互動，他們懷念過去那種一家人的感覺。

聽了同事的抱怨，我就更加想恢復以前小公司的運作方式，我嘗試叫出每一個人，也嘗試去指揮每一個人，希望恢復過去「兩眼所視，兩手所指」綜覽全公司工作的狀況。

可是我失敗了，我可以記住五、六十個人的名字，可是我沒有時間發號施令、指揮每一個人做事，經常顧了這邊，忘了那邊；顧此失彼是常態，我發覺我的兩眼不夠用，無法掌握全公司。

而我的中級主管也向我抗議，認為我不應該直接指揮他們的部屬，導致他們無法掌握整個團隊。他們要求我，要下指令給他們的部屬，一定要讓他們知道，或者一定要事先與他們商量，這樣團隊才能分層負責，這也才是組織運作的常態。

我終於知道我錯了，當初創業時，規模甚小，可以按我的意思、照我的習慣為所欲為，我像個單幹戶，隨心所欲地指揮整個團隊，且因為團隊小，我也可以指揮裕如，不致出現什麼差錯。

可是當團隊變大，我一個人的精明就不夠用，也指揮不來。這個時候，就要講團隊、講組織、講系統、講結構、講多層負責、講各有所司，我不可以再隨心所欲。

而三十個人，就是一個組織小和大的分水嶺，也是一個組織單幹戶與系統化的差距點，超過三十個人，就不能靠老闆一個人的英明，要依賴組織架構，系統化地運作。

而系統化最重要的莫過於能負全責的中層主管，而有了能負全責的中層主管，就要有能放權、能授權，尊重體系的老闆，不要亂下指令，干擾指揮系統是老闆該避免的事。

**後語：**

❶三十個人以下的新創團隊，靠老闆一個人就可以運作順利，可是到了超過三十個人，就要分工、授權。

❷小團隊可以親密互動，但是到了大團隊，感情就疏離了，就要講究紀律，講究部門分工。

# 39 沒有人會珍惜人人可得的福利

前言：

企業經營最忌諱齊頭式的員工福利，尤其是人人可得的員工福利，久而久之，所有的人都會認為這是必然可得的優惠，不會對工作績效產生激勵效果，而一旦公司的營運逆轉，負擔不起好的福利時，就會變成公司急迫性的災難。

一個年輕創業家在度過了五年的辛苦創業階段之後，好不容易轉虧為盈。當公司開始穩定獲利後，這個老闆就大發善心，決定回饋這些年來與他一起走過創業階段的員工，大幅調整員工整體薪資福利。

他第一個做的是全體員工調薪一成五，以補償這些年因虧損而刻意壓低的員工薪資。接著是調整各種福利。

首先做的是調整年終獎金發放標準，平均兩個月起算，營運好的話，三、四個月的年終獎金也沒問題。

第二個做的是員工旅遊，明令規定每年有一次員工旅遊，所有員工都可以參加，所有費用，全部由公司負擔。

第三個做的是加發端午、中秋節獎金，每人固定一萬元，人人有份，不論到職多久。

第四個做的是每季聚餐，可以各單位分開舉辦，也可以全公司合併辦理，以聯繫全員感情。

其他可以想出來的福利，只要有人提議，這個老闆也都會盡可能配合辦理，沒有多久之後，這家公司就被傳成幸福企業，是人人稱羨的公司。

可是幾年之後，這家公司的營運開始逆轉，不再像過去一樣賺錢，對這樣的薪資福利水準覺得難以負擔，這個創業家不知如何是好，輾轉找到我請教，該怎麼辦呢？

我的方法很簡單，向所有員工坦白，告知公司營運狀況，然後取消或降低所有福利措施，希望員工能夠諒解，共體時艱。

其實這家公司的問題，不在於營運逆轉之後遇到的困境，而在於更早因為老闆浪漫的想法，所訂下一視同仁的薪資福利，這才是造成公司日後困難的主要原因。

給所有員工較佳的待遇，這是每個老闆都應該有的想法，可是如果是齊頭式的平等、人人都有的福利，可能不見得是公司能負擔的。以員工旅遊為例，人人有份的員工旅遊是最沒效率的，一來可能會花太多錢，二來無差別的補助，無法分辨員工績效的差異，不能達成激勵效果。

比較簡單的方法是，結合績效評估，考績特優的員工，全額補助；優等的員工，補助八〇％；甲等員工補助六〇％；其餘員工給予一個定額的象徵性補助。

這樣，員工旅遊仍然可以繼續辦，但也不會花公司太多錢，更可以同時達成績效評估的激勵效果。

人人都可以享有的福利措施，往往是公司的致命傷。因為對員工而言，只要是人人都有的福利，員工通常會視為理所當然的享受，是應該的、是不可或缺的，甚至有的員工還會認為是老闆欠員工的、是天經地義的，沒有人會珍惜人人都有的福利，這種福利更不會產生對員工的激勵效果。

老闆在訂定福利制度時，切記不可人人都有，一定要採取差別待遇，優秀的多，不好的少，這才是最有效益的福利。

**後語：**

❶在公司營運好轉時，當然要努力改善薪資福利，但絕對不可過度給予，一定要考慮到營運可能轉壞。

❷所有的薪資福利一定要與績效評估連動，好的員工多給，中等的員工適度給，差的員工少給，這樣才能發揮激勵效果。

# 40 如何讓主管全力省錢，努力賺錢

前言：

好的公司，賺錢的責任及控制成本的壓力，通常不只是在領導者身上。領導者要設計出一套好的制度，讓所有主管都要肩負賺錢的責任以及控制成本的壓力。

我剛創業時，被所有同事追著跑，我要為公司的營運負完全責任，公司不斷虧錢，我為此急白了頭髮；我的主管們完全沒有撙節成本的觀念，每個人都和我抱怨，說事情做不來，一定要加人。我一方面為了公司虧損，想盡方法省錢，其中最有效的方法就是控制人頭、減人。可是我的下屬主管卻不斷向我要人，我努力踩煞車，卻惹來主管們抱怨，說我不知民間疾苦。

我一直想擺脫這種困境，想把公司的成敗責任下授到每一個部門主管身上；也希望能夠把控制員工數、以節省成本的觀念，灌輸到每一個主管身上，我花了許多年，終於做到了！

首先我讓公司的財務透明化，讓每一個主管都明白公司的營運實況，賺錢同喜，賠錢同悲，每一個主管對公司營運狀況都感同身受。

接著我再將每一個部門的營運狀況釐清，讓損益能落實到每一個營運部門，也讓單位主管每個月都可以看到自己的營運成果，並要求主管為營運成果負起責任。

我不只加諸營運主管責任，也同時給予獎勵，我把單位的營運成果，與團隊的薪資、福利、獎金連動。營運好、獲利佳，整個團隊雞犬升天，每個人都能拿高薪，享受好福利，領高獎金。

透過這些方法，我漸漸把營運責任轉移到各個部門主管身上，他們各自為自己的部門負起營運責任，而我只要加總各部門的營運成果，彙整成公司的合併報表，我身上的責任變輕了。

這只是落實營運責任的第一步，接著我要求他們各自努力控管人頭。我制定了一個規定：每一個單位，按員工人頭數，乘上四百萬，就是這個單位的營運業績目標，而每個單位的獲利，則是業績額乘一五％為原則。

換句話說，如果一個單位的員工數為十個人，那每年的業績目標就是四千萬，而獲利目標就是四千萬乘以一五％，為六百萬，這是必須完成的任務。

我為什麼要訂每個人頭四百萬的營業目標呢？就是要提醒主管：用人的代價很高，一定要能創造績效，才能加人，因為一加人，成本費用就立即增加，不只是加人的薪水，其他相關的用人費用更是可觀；增加一個人的總費用，約是薪資的兩倍，這是極可怕的隱形成本。

自從我訂了這些制度後，我公司中所有主管全部都積極起來，他們全力控制成本，節省人力，另一方面也努力積極搶錢。

有一個單位每年績效很好，年年賺錢。只可惜人數很少，單位很小，營業額不高，雖然獲利率不錯，總是美中不足。我不斷找這位主管溝通，要他適當地加人、擴大營運規模，他卻抵死不從；他認為小是故意的，小也是他最合適的規模。

我從一肩扛所有營運責任，到要所有主管一起扛；從一個人控制用人，到所有主管一起控制，只要方法制度變了，一切都變了。

**後語：**

❶剛創業時，我一個人負責賺錢，也負責控制成本，而所有的主管只負責做事，對公司的營運結果，完全沒有感覺，我花了很多時間才改變這種狀況，讓主管們對營運結果有感。

❷透明的財務與及時有效的獎勵，以及明確的制度，是讓主管願意全力省錢、努力賺錢的訣竅。

❸一旦各級主管都能負起責任努力賺錢，那領導者就可以無為而治，天下承平了。

第六章

# 如何做事

# 如何做事？

執行長最重要的就是要帶領團隊做事，經營出好的結果；每天工作是責無旁貸的事。

要做事，就是要做對事，要做對事，就是要思慮清晰周延；要做事會面臨各種狀況，就算沒有權力，也要有方法去做事；做所有的事之前，就要能事先評估，做有把握的事，對公司中所發生的任何事，也都要在第一時間內掌握。

執行長也要製造一個能容許犯錯的環境，才能推動創新；推動組織的精實管理也要有方法；每半年重估業績時，要能精準估計；要讓下屬所有團隊，在執行業績時能有好的工作節奏；執行長更要能有效掌握公司的營運實況，要隨時盯著儀表板。

# 41 做事之前，思考多一點

前言：

我們往往一頭鑽進去認真做事，但從沒有思考是否做對事，結果是做了很久，花了很多精神做，卻一事無成。這時候我們就要想想該怎麼做事才會對，必須要在動手做事之前仔細想一想，思考多一點，要怎麼做事？

一個面臨經營困境的團隊，歷經了一段時間調整後，始終未見具體成效，我不得不出手協助。

我檢視了他們過去一年的工作，發現了幾個事實：（一）他們每天都加班到很晚，看起來所有的人都十分努力工作。（二）他們原有的生意模式老化，所以業績越來越少，對此他們的對策是更賣力做，但成效不彰。（三）他們嘗試想出一些新做法，可是也未見成效。

他們面對困難，唯一的做法就是認真做，努力做，加班做，可是卻缺乏思考，以至於所做的事，都未能切中要害、有效解決問題。

我要求他們不要一味地努力做事，要在多做之前，思考多一點，想清楚了，真正找到解決方法了，才全力下手做。

這是台灣教育體制下，大多數人的通病；很努力做事，但欠缺思考，以至於成效不彰。

大多數人面對問題，最直覺的回應是增加工作時間與工作量，如果每天拜訪三個客戶，達不到想要的業績目標，那就每天拜訪五個客戶，或者延長每天拜訪客戶的時間；就是用量變來嘗試做到質變。

除了直接增加工作量、工作時間，第二種方法是直覺式的思考，採取的對策通常是頭痛醫頭，腳痛醫腳，這時所用的方法不只是做，還有用到思考，只是這種思考只及於表面，只用到反射神經，通常只解決表面問題，並不及於根源的問題。

一般人解決問題的方法，也會觸及深度思考，但這些方法可能涉及短期、中期、長期策略，也可能面對各種不同的目標衝突，而導致可使用的方法，無法切中要害，徒勞無功。

所有問題的解決，都要用到思考，獨立思考，批判思考，策略思考……光是努力做，認真做，絕對無法達成目的。

所以在面對問題，採取解決行動之前，一定要歷經嚴謹的思考流程，才有機會找到正確解決問題的方法。

而正確思考的方法包括三步驟：（一）釐清所有事實的真相，不放過所有的細節。（二）找出問題之間的因果關係，並弄清楚其間的關聯。（三）追根究柢提出解決問題的方法，並兼具長期與策略思考。

要解決問題，一定要先知道發生什麼事，且深入每個細節。這要耐心蒐集所有訊息、仔細詢問每個人，清楚每個環節。

第二步，就是要把所有的事實按各種角度排序、歸類，並找出其因果關係，才能找到問題的真正根源，解決問題要從根源下手。

最後要提出方法：經過仔細思考之後，我們可能提出數個不同的解決方案，這些方法都要再經過有效與否的檢驗，同時也要再從策略思考的角度去驗證，證實這是符合長期目標的做法，才展開行動。

面對問題，拚命做事之前，請思考多一點。

**後語：**

❶努力做事除了增加工作時間以及工作量之外，最重要的是改變工作方法，因為如果方法不變，永遠用一樣的工作方法做事，那結果永遠不會改變。

❷做事之前的思考，非常重要的是要找出問題的根源，解決問題要從根源下手。

# 42 沒有權力能做事嗎？

前言：

做事有兩種，一種是有權力，一種是沒權力。有權力做事，順理成章、理所當然，但沒有權力，又要做事，就要有手段、有方法。比起有權力做事的人，沒權力又要做事者，其能力更加高明，難度也更高。

一個部屬向我抱怨：他做事的過程中其他單位都不願意配合，導致他的工作都做不好；當他沒有權力要求別人時，許多工作都推動不了，希望我下令別的單位都要配合他，這樣他才能做事。

我嚴詞拒絕了他的要求，告訴他：有權力必須要做的事，當然要去做，可是也有許多事，就算沒有權力去命令別人做事，也要想盡辦法完成，這是工作者必須要學會的事。

我告訴他，工作有兩種：一種權責之內，有權力去做的工作，這種工作你可以下命令分派工作，要求其他人配合，做起來當然順理成章。另一種工作是非你權責之內做的事，這種事，你沒有權力命令別人、要求別人，你頂多只能請求協助，別人也頂多方便之餘，盡可能配合你完成。沒有權力的事，只能用方法、用智慧、用溝通、用請託去完成。沒有權力的工作是職場中更大的學問。

前中國惠普（China Hewlett-Packard）總裁程天縱，講了一個沒有權力卻要完成工作的故事。

他剛當上中國惠普總裁時，發覺手上各產品部門都直接向亞洲區總部主管報告，完全不用理會中國區的總裁，他真正管到的只有自己的祕書，完全沒有任何權力管理各部門。

他如何找到自己的工作定位？他以提供服務及協助，來取得認同。各單位國際部門的主管如果要到中國來，他會全程陪同，協助拜訪客戶，拜會政府官員，並利用他自己在中國的人脈，協助各部門完成工作。

他這個沒有權力的總裁，透過這樣，獲得所有人一致的認同，每一個人都願意配合，也都十分尊敬他，這是沒有權力但要工作的典型案例。

可是就算是我們擁有權力去做事，在工作的過程中，也會遇到沒有權力的事，像是做一件事需要其他單位的協助，但我們又沒有權力去命令別人配合，而別人的協助也是基於別人的友善，而不是基於必然的責任，這時候我們就要有方法、有智慧去影響別人，讓別人樂意協助我們。

另一種有責無權的狀況是，主管交待我們去執行一項工作，但又沒有給我們相對的頭銜與職位。這也是另外一種沒有權力的考驗。如果我們能通過這種先有責、沒有權的考驗，就代表我們即將升遷，因為我們已經有能力承擔更大的責任與更高的職位。

所以，沒有權力但能夠做事，能完成更大的任務，這才是真正有能力的人。沒有權力的工作方法，沒有一定的規則，這需要智慧、需要創意、需要變通，只要能達成目的就是好方法。記住，主管從今以後，千萬別抱怨自己的權力不足，所以不能做事了！

**後語：**

❶程天縱的故事說明了，一定有方法可以解決沒有權力但又能做事，只是我們是否找到工作的訣竅；只要找到對別人的價值，我們就可以獲得別人的認同和配合，就能做事。

❷先能做事，等到有權力，權責相符，那就更容易做事了。

# 43 做絕對有把握的事

前言：

我動手做事之前，一定會評估成功的可能性，如果成功的比率沒有七〇%的話，基本上我是不會動手去做的。

而在公司裡做事，我也一樣會評估，如果沒有七〇%，我更不會去做，因為在公司裡做事，是受公司之託，更要忠人之事，如果沒把握，更不應該孟浪去做。

一個團隊準備推動一個大型行銷案，由於動用的資金龐大，所以我找他們來溝通，在聽完他們仔細的簡報後，我問了一個問題：這個行銷案是你們絕對有把握的事嗎？

他們遲疑不敢回答，只說：我們當然有一定程度的把握，但是怎麼說才是絕對有把握呢？

我回答：對這個行銷案的執行成果，我們一定會有估計，如果成功率達到七〇%以上，這就可以說是絕對有把握了。

要求事情的成功率超過七〇%才要做，這是我五十歲以後學到的做事方法，要有絕對的把握才做，否則不做。

我五十歲以前，只要事情有可能成功，我就會去做，這是快速反應的直覺，並沒有去仔細評估事情的成功率，所以我心中沒有絕對有把握這件事。

其實絕對有把握的事需要科學化的驗證、嚴謹的邏輯推理，更要有數學化的分析，從前提到結論，都有非常明確的因果關係。

我為了做絕對有把握的事，發展出一套思考的決策流程，分為三步驟：（一）絕對有把握的策略思考；（二）絕對有把握的工作流程；（三）絕對有把握的效益評估。

第一個步驟談的是決策的起心動念，要做的這件事是否是策略思考上的必然，這是我想做的事嗎？這是我未來人生規劃會做的事嗎？做這件事符合我的價值觀嗎？如果這件事是公司的事，也一樣思考，這是公司該做的事嗎？符合公司未來的策略規劃嗎？符合公司核心價值嗎？

這些都是策略思考，一定要通過策略思考，才會往下走到第二步、第三步。

做絕對有把握的事，第二步是工作流程及方法的檢查。做任何事都有工作方法，我會先想：這些方法我會嗎？如果需要專門技術，我要問：這些技術我會嗎？或這些技術我能從哪裡取得？有任何人擁有這種技術，而我能找到他來協助嗎？這些就是工作方法的思考，缺乏工作方法，一切免談。

接著就是展開工作流程，每一件事情通常要經過複雜的工作流程才能完成，要知道事情能否順利完成，就要展開每個流程的細節，才能知道其中隱含什麼陷阱，有什麼困難。

需仔細檢查工作流程每一細節後，才會知道這件事是否可行。可行之事，我做起來才有把握。

最後一個步驟，才是檢視事情的成功率。

我們做事情時，一定會事先設定工作目標，有了目標，才知道事情做得好與壞，才知道是否達成我們期待的成果，也就是成功完成了事情的目標。

事先評估階段，我們不知道事情能否完成，但可以評估事情完成的成功率。一般而言，事情的成功率極少是百分之百，我們不太敢說事情絕對可以完成，但可以說成功率，在零到一百的光譜中，百分比越多，成功率越大。

我的認定是成功率一定要超過七〇%，我才要做，也才符合我做絕對有把握的事的原則。

**後語：**

❶做事的成功率是一個光譜，從零到百分之百，我們可以主觀地給出一個比率，這就是成功率。這和每個人的樂觀程度有關，越樂觀的人估計出來的成功率就越高。

❷成功率可以從成功關鍵因素的掌握度去推斷。

# 44 重大事件請在第一時間告訴我

前言：

主管有必要隨時隨地掌握公司中所發生的重大事件，所以公司中只要發生了重大事件，就要在最快的時間內呈報最高主管知悉，讓最高主管有心理準備，也可以在必要時介入處理。

就算重大事件發生在底層的部門，也應該立即向上呈報。

我對所有團隊主管，一向保持「用人不疑，疑人不用」原則，對他們團隊內的營運，完全放手，讓各主管自行運作，只對最後的營運結果監督、檢查，例如有無達成業績結果，有沒有達成預算……

但有一次發生了一件事，讓我在對他們信任放手之餘，加了一條規定，那就是：如果發生重大事情，必須在第一時間告訴我。

事情是這樣的，有一個單位，部門裡有一個超級業務員，業績總是占了部門五〇%，後來這個超業無預警離職，才發覺超業挪用客戶貨款，挖東牆補西牆，一直到掩蓋不了事情才爆發，公司要承受數千萬損失。這個單位的主管從頭到尾急著救火處理，並未向我報告，後來消息傳開了，我才從側面得知。

我找來主管詢問發生了什麼事？了解完狀況後，我忍不住問，為什麼事情發生的第一時間，沒有向我報告？他回答，這是他應該要負責的事，他想等處理到有眉目了，才要向我報告。在他的話背後，我感受得出來，他一開始想掩飾，不想擴大，只是沒想到事態嚴重，處理不了，才整個爆發開來。

經過了這次事件，我對所有營運單位的主管加了一條規則：如果發生重大事件，必須要在第一時間內向我報告，讓我知悉。

主管問了，何謂重大事件？我回答：重要事件就是會重大影響公司營運的事，會讓營業額產生重大變化，讓損益大幅降低，都是重大事件。

怕主管不明白，我又補充了一句，主管可自己衡量何者為重大事件，事後證明為重大事件者，有報告者無罪，無報告者罪加一等。

我為什麼要在第一時間知道下級單位的重大事件，理由有三：

一、我必須全盤掌握公司的重大營運狀況；各單位的重大事件，極可能蔓延為全公司的重大事件，我必須及時掌握。

二、各單位的重大事件，原則上還是由各單位主管處理，但我如果早已知悉，我會隨時掌握狀況，必要時可隨時補位，甚至調動全公司資源協助介入處理，以期讓傷害降低，讓成果最佳。

三、我的豐富經驗及歷練，有機會用得上。理論上我的經驗較各直屬主管豐富，當問題發生時，我說不定立即能找到最佳的「槓桿解」，從最有利的地方下手，採取最有效益的解法，避免走無謂的冤枉路。

這項新規則實施後，各種狀況都發生過，有時我知道後，只是眼看著主管處理，而且他們也順利處理完成，完全不需要我動手。有時他們處理一半，火卻越燒越大，我不得不跳下去處理，甚至還要調動其他單位支援，最後才能讓傷害減輕。

有時在發生時，我一看就知道該如何解，因為過去我曾經處理過類似的事，我的經驗立即用上，完全不需摸索。

大老闆要知道信任與放手，但也要在第一時間掌握關鍵大事。

**後語：**

❶下層主管有時候會覺得所發生的事，是自己該負責的，所以忙著處理，而忘記向上呈報，這是最不可原諒的錯誤。

❷發生了事，就算事情不大不小，主管還是應該向上呈報，這是最安全的做法。

# 45 創新需要容錯空間

前言：

每個公司都希望有創新的可能，但是如果公司把成本費用控制得滴水不漏，每個部門都沒有任何犯錯空間，那就不可能去做任何創新的事。

創新就是沒把握，就是有可能犯錯，就是有可能血本無歸，組織就是要能容忍犯錯，才能創新。

去年我遇到一個極為創新的出版計畫，要出版一套售價近新台幣十萬元的典藏級藝術出版品，這是極高端的出版領域，世界上只有極少數業者經營，這離我們熟悉的出版領域極為遙遠，而其客戶群也是極稀少的頂級蒐藏家及圖書館，更是我們從未接觸的對象，理論上對這個出版品項，我們應看看就好，不應真的付諸實現。

可是琢磨再三之後，我決定試試看，理由很簡單，我們熟悉的通俗出版品每下愈況，未來前景不明，如不開發新領域，即將面臨死胡同，所以就算有風險，也要勉力一試。

有一次，我和團隊談起這套出版品，我感慨地說，為什麼你們對創新的品項都不敢嘗試，非要我下決定才肯做呢？

一個主管回答我：何先生，你不知道原因嗎？因為只有你才有犯錯的空間，我們每一個團隊，每天都要追逐業績，只要犯任何錯誤，可能就達不到預算目標，所以我們只能做我們看得懂、絕對有把握的事，對一些創新的想法，我們並非沒有，只是都只能想想，可是想到風險，最後都只能放棄！

這句話宛如當頭棒喝，打醒了我一直沒想到的真相：創意、創新許多人都有，但是創新的執行，必須要有容錯空間，否則無法實現。

以我下決心做這套典藏級藝術出版品為例：總經費近兩千萬，如果銷售不如預期，可能就會有逾一千萬虧損。如果這個災難真的出現，這虧損是我能負擔的。換句話說，我有超過千萬的容錯空間，所以敢嘗試這套典藏級藝術出版品的創新。

而我的團隊們，每個人身上都有業績目標，每個人每年都在追逐預算，他們需要小心翼翼地認真工作，才能完成公司交付的任務，對於有風險的創新，通常只能看、只能想，但卻不能做、不敢做！

我開始檢討我過去每年的預算編列策略：我一向引以為傲的是對團隊實力的理解，對每一個團隊，我都會很仔細地評估其能力，每年可以做多少業績、賺多少錢，再酌量加一〇％到二〇％，說服主管接受此一有難度的業績目標；我很驕傲我能把團隊的業績推升到極致，這是為什麼我的團隊每年都要努力追逐業績的原因。

可是我自以為是的推升業績的方法，卻阻斷了所有團隊創新的可能。

我決定對那些業務已進入成長高原期的團隊，亟需創新來改變現有生意模式，不再擠壓他們的預算目標，酌量降低獲利預算，並明白告知其主管，預算降低，是留給他們推動創新的容錯空間，並要求他們每年都要推動一、兩項明確的創新作為。

至於那些仍在高速成長的團隊，我就不會保留創新的犯錯空間，因為他們的生意仍未老化，只要加足馬力，全力衝刺即可！

創新並非憑空可得，要有容錯空間，創新才有可能。

---

**後語：**

這個創新的出版計畫，我們經過全力以赴地努力之後，做出了一個非常創新的產品，讓我們非常驕傲，但是仔細計算盈虧，這個計畫還是有數百萬的虧損，如果這個計畫不是我拍板，我們的團隊根本不可能下決心去做。

# 46 做了會上天，不做會死人

前言：

精實管理是企業經營常被提起的觀念，簡單說，就是要把組織濃縮到規模最小、最有效率的狀況，以控制到最精簡的成本費用，並創造最大的獲利。

公司在面臨經營困難時，進行嚴苛的整理整頓，就是要厲行精實管理，而精實管理，用一句話說透，就是公司實行「做了會上天，不做會死人」的策略。

集團內有一個單位，營運上面臨極大的困難，我要求主管把團隊精簡到極小規模，用最低的營運規格運作，以減少虧損。期待用手中剩餘的資金，獲得最長的存活時間，以靜待外在環境改變。

這位主管不知如何做，問我該怎麼辦？

我告訴他，把公司中現在正在做的事，全部暫停下來，逐項檢查，如果有一件事，現在去做立即會產生很大的效益，這種做了會上天的事，才去做。

另外，如果有一件事不做，就會出很大問題，不做絕對不行的事，這種不做會死人的事，才繼續做。

這就是「做了會上天，不做會死人」的極簡經營法，這也是豐田式精實管理的真諦。

極簡式的精實管理，真正展開來還包括：人、錢、事三個層面，每個層面都有這種「上天」與「死人」的現象。

在「用人」上，我們可以把公司內所有的工作同仁全部歸零，先一個人也不用，然後再一個職位一個職位檢討人員的存在是否有其必要。

如果有一個職位一定要有一個人，公司才能運作，那這個人就是有他會「上天」、沒他會「死人」的人。經過這樣的過濾，公司就能剔除可有可無的人，留下真正有效益的人，一般而言，經過極簡的精實手段，組織很可能只剩下六〇％、七〇％的人。

資金是公司運作的活水，「錢」的精簡運用也是「上天」和「死人」的概念。花了會上天，能讓公司賺到更多的錢，我們才要花；不花會死人、會出大事的錢，我們也才不得不花。總之，要將公司中所擁有的每一塊錢，都當作是公司的最後一塊錢，小心謹慎運用，能不花就不花。

最後，在「事」方面的極簡思考，道理也一樣。公司中每天都會做各式各樣的事，有些是例行公事，有些是業務生意的事，有些是生產製造的事，有些則是一般行政管理的事。

一般而言，事可以分為兩種：一種是和生意有關的事，如生產製造、業務。另一種則是與生意不直接相關的事，如一般的行政管理。

會帶進生意、產生錢，讓公司上天的事才要去做。不做會死人、會出大亂子、會產生大問題的事，公司也才不得不去做。

公司極簡的營運模式，通常是在處境艱難時的特殊情境，但「上天」和「死人」的概念，精準描述了極簡的精神。

**後語：**

❶厲行「做了會上天，不做會死人」的策略，就是把公司現在在做的事全部歸零、暫停，重新思考是否該做，然後用「做了會上天，不做會死人」才去做的邏輯，重新盤點，把規模減到最小。

❷從人、錢、事三方面思考是否該花該做。

# 47 全年業績如何重估

前言：

每年年中的時候，各部門都會重估全年的業績目標，大多數主管都會刻意少報目標，以期年底重估數能有把握完成，做為大主管的人就要能夠洞悉這些數字，才能精準地估出全年的目標。

每年七月就是做年中檢討會的時候，除了要檢討上半年營運成果，還要展望下半年，重估一個全年的業績目標。

因受到肺炎疫情影響，上半年業績慘不忍睹，而且連帶使全年的重估目標也非常難看。有一個單位上半年的業績是虧損的，而就算預估全年，也只達成全年原定預算的兩成而已。

我對這樣的預估目標完全不能接受，我問這位主管，你是怎麼預估的？他說：我預估下半年台灣的疫情仍然不樂觀，現在台灣雖然看起來已逐漸恢復正常，但是全世界的疫情方酣，難保到第四季，說不定疫情又捲土重來，所以我對業績完全採取最悲觀的估計。

我說：這是你的假設，但萬一假設不準，台灣的疫情沒有再起呢？那業績不就會是另一種狀況嗎？你要不要估一個業績正常的版本呢？

這位主管照我的話，重估了一個達成全年預算五〇%的版本。

另一個主管，預估下半年業績將達成全年原預算的八〇%，試算全年則達成全年度業績的四〇%。我對這個重估也不滿意。

我說：你上半年的業績也只不過落後預算五〇%，那就算下半年也落後五〇%，那全年試算，你也不過落後五〇%而已，怎麼會全年只達成預算的四〇%而已呢？

這位主管承認，原來預估會達成全年預算的六〇%，但為了保守起見，又多減了兩成，以確保全年預算能達成。

這是大多數主管的正常心態，因為是年中的半年檢討會，距離年底只剩幾個月，因此預估年底的業績一定要精準，否則達不成業績很難交代，所以通常全年的重估業績，要保守再保守，一定要報出一個百分之百絕對可以達成的業績目標。

問題是，當所有主管都低報全年的重估目標時，上層的大主管顯然就會誤判全公司的業績目標了。

曾有一年，我們公司最後年底的業績，比年中的重估數多了三〇%，可是我一點都不高興，顯然我們公司在經營上有大問題，否則怎麼會半年預估和實際數會有這麼大的落差呢？

從此我不再一廂情願地相信主管所報的半年重估數，我會仔細評估他們所報的數字，並做必要的調整之後，才會得到比較接近真實的數字。

在各主管報出全年的重估數之後，我通常會這樣說：忘記你報的數字，重新給我一個數字，這個數字是你到年底絕對有把握達成的數字。所謂的絕對有把握，是指閉著眼睛就做得到的數字。

主管想了想之後，通常會給出一個數字，這就是他心中真正的業績，那我會根據這個數字，再酌加兩成到三成，做為他到年底的新業績目標。一般而言絕對有把握的數字，是他已經在手的業績，加兩成到三成挑戰，是有可能達成的。這樣我就會得到一個精準的預估。

**後語：**

❶各主管的心情是重估的目標絕對不能高估，到年底的實際數寧可高，不能低；但刻意低估的結果，也會影響全公司的估測。

❷身為執行長的人，就要有能力逼出各主管內心的真正數字，而不要被他們的重估數所迷惑。

# 48 理想的年度工作節奏

前言：

年度的工作節奏，什麼是最理想的節奏？以四季來分，第一季做到業績目標的二五%，第二季做全年的三〇%，第三季做三〇%，第四季做一五%，這樣全年目標到年底能輕鬆完成，這是最好的工作節奏。

最麻煩的狀況是，第四季是全年業績的季節性旺季，每年到年底都要提心吊膽。

我們公司有一個團隊，每季的業績進度是第一季一五%，第二季二〇%，第三季二五%，最後一季則占四〇%。

而這個團隊每年的實際業績，在前三季總是落後預算，甚至還處在虧損狀況，一直要到十月份才勉強平衡，到十二月才有大幅業績一起入帳，最後才勉強完成每年的預算。

對這個單位，我總是提心吊膽，深怕他們不能在最後一季、最後一個月逆轉，而使全年陷入虧損狀況。

每年我都要和這單位的主管溝通，希望他調整工作節奏，不要把大量的業績放在最後一季，要儘可能往前移，才不致太緊張。

這位主管告訴我，他們這個行業在第一季的農曆新年期間，都處在休假狀況，一直要等到三月才開始工作，而最後一季的年底，則是熱門時段，大多數生意都放在最後一季，所以他們的生意也是如此。

我仔細研究了他們的生意模式，發覺他們在九、十月間，有一個行業的大型頒獎活動，配合這個活動，也帶進了大量業績，可是活動一旦拖延，入帳時間就有可能延到十一、十二月，造成最後一個月業績暴衝的現象。

我要求主管，把這個大活動往前提早一個月，並且準確地在九月完成，而業績也要準確地在十月入帳，這樣全年的業績會是比較正常的節奏。

我辛苦了許多年，終於讓這個單位的年度工作節奏理想化。

按照我的習慣，理想化的年度工作節奏，要從編列預算開始。

在編列預算時，我通常要求各單位一年四季的業績占比是：二〇%、三五%、三五%，而最後一季只占一〇%。

會這樣編列預算的原因是第一季有舊曆年過年，通常有較長的假期，所以業績較少，可是第二季以後就要全力衝刺，務必要在前三季完成絕大多數的業績目標，而最後一季則放緩腳步，檢討今年全年的利弊得失，並且仔細規劃明年的工作計畫。這樣的工作節奏，如能照計畫進行，那預算目標很輕鬆地就可以達成。

當我的團隊習慣這樣的工作節奏後，他們通常會在前三季完成絕大多數的預算，最後一季幾乎是完全不做生意的，只是自動延續前三季工作動能，就可以穩穩完成全年的預算，如果順利，甚至可以超越預算。

可是對所有的主管而言，精準完成預算是他們的最高境界，甚至連超預算都不是好事。

這樣的團隊，通常在第四季休養生息，並全力準備未來一年的業績。所以從開年一月一日開始就火力全開，衝刺業績，務期在上半年完成六〇％以上的全年目標，為全年做好工作準備。

好的團隊不但要能完成工作預算，而且要有好的工作節奏，才能確保業績絕對不會有意外，能精準完成。

**後語：**

❶我公司中所有營運單位經過多年的調整之後，大多數的單位都能夠把第四季的業績占比，調降到二〇％以下，這是我喜歡的節奏。

❷少數單位因第四季有一個大型展會，使業績占到三〇％以上，無法調整，但我也努力要求其降低第四季的業績比重。

# 49 每天盯著儀表板

前言：

如果公司的辦公室有一塊儀表板，每天顯示出公司重要的KPI，以及營運狀況，讓經營者能夠精準地掌握公司的營運，這是最理想的狀況。

尤其在數位時代，公司許多的營運數字都已經可以隨時顯示，所以經營者要養成每天盯著儀表板的習慣。

我們有一家公司，經營兩個網站，辦公室一進門的接待櫃台旁，就放了兩個電視螢幕，分別是這兩個網站的即時分析狀況，上面有網站的即時線上人數、最熱門文章列表排名，可以很清楚了解網站的狀況。

每次我到這家公司，一定先花三分鐘，理解這兩個網站的狀況。

我們公司還經營幾十個網站，對比較重要的網站，我要求他們建立每日KPI即時報表，每天都要把前一天的狀況，傳到我手機中，而我每天也一定會打開看看，以了解每個網站的狀況。

每個網站的KPI都不太一樣，因為每個網站的營運都不同，因此關注的角度也不同，我們也建立了不同的關鍵績效指標，以進行追蹤。

我們還有一個網站是做線上交易，我也要求他們建立每日回報系統，我每天都要知道前一天做了多少生意，賣了幾件產品，哪一種產品最好賣，如果每天的營業額有異常變動，主管還要附帶嘗試說明原因。

這樣的每日即時報表，我稱之為經營儀表板，我通常會為每家公司建立觀察的儀表板，有些是用年呈現，是為長期營運指標；有些是用季、用月呈現，是為短期指標；有些則是用日呈現，是為即時營運指標。

過去我們只做傳統生意時，並無每日即時指標。但當網路生意出現後，即時指標就應運而生，網路隨時會有巨大變動，我們必須每天盯著儀表板看。

人每經過一段時間，就會做健康檢查，我們會量身高、體重、血壓、血糖、心跳……這些都是反映健康狀況的數據。經營公司也一樣，必須建立一套追蹤指標，定期追蹤，才能有效理解企業營運狀況。

一般而言，每個月的財務報表，就是企業最基本的指標，營收、成本、費用結構、獲利與否，這都能有效地反映企業經營的實況。只不過這些數據，都是營運的最後結果；只看結果，這些數據沒有問題，可是如果要找到企業營運不佳的原因，這些財務數字就不夠用，必須要借助財務以外的數字。

以網路公司為例，我們在每日觀察的儀表板上所呈現的數字，就有許多帶有實驗性質，我們會進行一些特殊的企業活動，然後觀察活動後，企業的營運數據有無改變，再根據數字的變動，找到可以改變營運結果的原因，以做為日後工作的參考。

這樣的儀表板，就不只是被動地記錄企業營運成本，而是透過儀表板的數據變動，分析導致變動的原因，再去尋找最佳的營運模式，以嘗試改變實際的營運結果。

企業經營一定要建立一套營運指標，以做為檢視基礎，如有必要，更要建立每日即時的動態指標，每天盯著儀表板，以追蹤營運成果。

**後語：**

❶我們公司的數位單位，都會把關鍵的營運數字，做成電子表單，每天一定要傳到我的手機中，每天不看到數字，我不會放心。

❷傳統的營運單位，雖然沒有每天變動的數字，但每月初，我也會要求一定要收到上個月的財報，讓我掌握公司的營運數字，我才放心。

第七章

# 如何帶人、用人

# 如何帶人、用人？

帶人、用人是領導者必須學會的基本技能，要帶人就要辨識組織的八〇／二〇原理，並不是每一個人的貢獻都相同，而是有人貢獻了大多數的成果，所以獎賞上雞犬不可以一起升天。用人要長期仔細觀察，至少要歷經三年的考核。對所有的同事，要建立深厚的情誼，在他們想創業時，要盡力幫助。對好的人才，要想盡辦法把他們找進來。要鼓勵員工多提意見，不要澆熄他們的熱情。小公司用人不能期待找到最好的人才。領導者要兼顧部屬的優點及缺點。對所有的員工要百分之百信任。訓練員工要適才適所，快速訓練。要重視組織內的平衡，不要被超級業務員所綁架。

# 50　主管的薪水一定要比部屬高嗎？

前言：

一般而言，每一個團隊的主管一定是該團隊薪資最高的人，但有沒有可能有部屬的薪資會比主管高呢？

這是有可能的，只要有人的能力超強，而且有特殊貢獻，他的薪資就可以高於主管。但這種狀況的前提是這位主管要同意也接受，願意接納這位薪資比他高的員工。

一個團隊的主管，從外部挖了一個能幹的人才，可是這個人的薪資很高，甚至高過這個主管，可是這個主管還是決定任用，這個簽呈到了人資部門，由於違反常例，人資部門不敢簽核，於是簽呈就到了我手上，要我決定是否核准。

我約談了這位主管，了解這個人的狀況。主管告訴我這個人是極為傑出的人才，在之前的工作完成了幾個難度極高的專案企劃，為公司帶進極大業績。而他這個能力正好是我們公司需要的，只要他能來，將會給公司很大的成長，所以這個主管願意不惜破格任用，即使薪水比自己高，他也不在乎。

我問他，真的不在乎有部屬薪資比他高嗎？他說：當然在乎，一般的狀況，主管薪資一定是團隊最高。可是這個人有種特殊的能力，正是組織所需要，且沒有夠高的薪資請不動這個人。因此他衡量再三，決定任用薪資比自己還高的部屬。

這個主管還說：這個部屬只是因為擁有公司需要的特殊能力，如果論全面的能力，自己的能力還是比他大很多，所以自己繼續當主管領導這個部屬，完全沒有問題。

「可是自己的薪資比部屬低，不會覺得面子掛不住？」我問。

「剛開始覺得怪怪的，可是當想到這個人進來後，正好補強團隊的不足，未來業績有機會大幅成長，我就覺得很值得。而且業績變好，也是我這個主管的面子；整個團隊業績變好，我的薪水也會水漲船高，未來薪水還是有可能高於部屬，我不用在意這時候短期薪資低於部屬。」他這樣回答我。

我同意了這個簽呈，且在公司訂了一個原則：主管的薪資不一定是團隊中最高的，如果有特殊人才，薪資可以高於主管，但這種狀況，有一個前提：就是該主管一定要知道，而且心甘情願地認同。

知道且認同的前提很重要，薪資比部屬低，對主管而言是面子問題，如果部屬的高薪是由上上級主管核定而任用，而其直屬主管不認同，這個人在團隊一定會滋生許多管理問題，與直屬主管間必定有扞格，甚至被穿小鞋。所以要認同比主管高薪的部屬，最好是由直屬主管自己提出且任用，而不要是上上級主管的主意。

能容忍部屬薪資比自己高，是主管的胸襟與度量。能容得下能力比自己強的部屬，團隊才能有更大的作為，也才能成長。

回憶我這一生的工作，曾有多次薪水比部屬低的經驗，對這種狀況，我只是不以為意，且會有意無意地刻意公開，讓團隊知道有人薪水比我高。我認為這是我的面子，能任用薪資比我高的人，代表我有容人的雅量，人人都可以努力表現，只要有成果，薪資沒有天花板。

主管的肚量是需要學習的，容忍部屬薪資比自己高，就是一個關卡。

**後語：**

要容忍部屬的薪資比自己高，這種主管的肚量要十分寬大，要有容人的雅量。也要對自己有足夠的自信，相信自己能夠帶領薪資比自己高的部屬。

# 51 永遠比政府規定多給一點

前言：

企業經營永遠要遵守政府的相關規定，可是這只是最基本的要求。經營者做任何決定，尤其在面對員工的權益時，如果能比政府的規定更加優厚一些，就有助於營造良好的組織氣氛，提高團隊的工作士氣。

每年農曆年的休假，我總是在正式放假的前一天，宣布提早半天放假，讓家住得遠的員工可以提早回家。我的人資告訴我，這樣不符合公司規定。我說：不用食古不化，早半天給同事方便，對公司影響不大，不必太計較。

如果有單位資遣員工，我總是交代人資，算資遣費時要比政府規定的給付，稍微再多給一些，不要太計較，人家已經沒工作了，給員工留一些餘地。有時候人資算完資遣費，我還會額外加一些，或者是湊個整數，又或者加個有感覺的數字，總之讓員工留個好印象。

有一個主管在任上得了癌症去世，除了正常的撫卹金外，我另外上了簽呈，請了一筆可觀的慰問金。人資告訴我，這不合公司規定。我說：人家鞠躬盡瘁，把命都賣給了公司，公司只不過是多給一些錢而已，有什麼不可以的呢？

這些狀況都是例外，都不符合規定，也都讓公司有額外的付出，所幸我公司的董事會對我夠寬容，也夠支持，讓我能按自己的想法，給員工多一些方便，多一些福利。

我的經營原則是：一切按政府規定的法令走，政府要怎麼放假，我們就怎麼放假；政府規定要如何給付，我們也一定遵照辦理。可是關鍵時刻，我們寧可比政府的規定要更加優厚一點。

身為專業經理人，我理當要代表公司執行任務，也要為公司爭取最大的權益，這是天職。我心中有團隊，也知道真正做事的人是團隊，愛惜團隊，組織才會得到最大的利益，因此盡量比政府的規定多給一些，就變成我經營公司的核心價值。

公司訂定各種規章制度，務必要以公司經營為重，要站在公司這邊爭取最大利益；而遵守政府的規定，又是絕對必須的事，且政府的規定也已考慮到公司與員工利益的平衡，應該都可以對所有的員工交代。

然而我為什麼要比政府規定多給一些呢？這其實是例外的權宜思考，提早半天放假，是占公司一點便宜，可是給員工方便，這會得到員工的認同。

給資遣的人多一些資遣費，這也是例外作為，只要是被資遣的人年資稍長，服務期間有明確貢獻者，都符合例外的優厚給予原則，而在人情上多給一些，讓當事人感受一些溫度，多一些溫暖。當然被資遣的人如果年資不足，或者並無具體貢獻，我們也就照政府規定辦理。

「比政府規定多給一些」表現的是主管的溫情、主管愛護團隊的心意，這當然不是每一個主管都能得到這樣的授權，可是主管心中一定要有團隊，要知道愛護及保護員工，才能長久。

**後語：**

❶我非常感謝我公司的董事會給我這種多給一些的權力，讓我能夠放手去營造公司有溫度的組織文化。

❷給團隊多給一些的邏輯，不一定都會增加公司的支出，有時候只是給員工一些方便，也會受到團隊的認同和歡迎。

# 52 雞犬不可一起升天

前言：

做主管的有兩個天生的迷思，第一：期望對每一個工作同仁好一點，所以每一個人都希望多給他們一點；第二就是要公平對待每一個人，所以希望給每一個人都一樣多，殊不知這是做主管兩個最大的失誤。

因為要給每一個人多一點，所以導致每一個人都給得不夠；因為要公平，每一個人都給一樣多，事實上這是最大的不公平，因為每個人的貢獻都不一樣。

分辨每個人的價值，是主管的天職。

一個團隊歷經多年的辛苦煎熬，終於突破虧損，逐漸看到營運的曙光。年終編預算時，團隊主管決定調整成員們的薪資福利。

對此我是認同的，因為在虧損期間，一切能省則省，團隊成員的所得長期偏低，適度改善大家的待遇，這是應該的。

可是，進一步聽到該主管的具體做法，我就不能認同了。這位主管決定辦員工旅遊，每個人都補助一萬元；之後再全體調薪，每個人調幅都是三％，所有同事一體適用。

我問這位主管，採取這樣的無差別待遇，是因為在逆轉虧損的過程中，每個團隊成員的貢獻都一樣大嗎？答案是否定的。有些關鍵團隊成員做出了不一樣的貢獻，才使團隊營運逆轉。

既然有些人是團隊轉虧為盈的關鍵人物，在論功行賞時，大家一視同仁，這是對的事情嗎？

舉辦員工旅遊是比較接近福利的做法，福利是數人頭，人人平等，每個人都補助一萬元，這還說得過去。可是加薪就不可以大家都一樣了，在行賞之前一定要先評比一番，不應該等大等小。

論功行賞最大的精神是分辨誰功大？誰功小？給功大者比較大的回饋，給功小者比較一般的回饋，對無功者則不給回饋。而加薪正是對團隊成員最重要的回饋，必須精算貢獻，論功行賞，而且好與壞的差異必須夠大，讓表現好、貢獻大的人，在調薪時有感，才能彰顯其貢獻，絕對不可以等比例加薪。

對所有團隊成員一視同仁、無差異回饋，是許多主管共通的盲點。然而，這其實不是組織的常態。組織必定有核心團隊與非核心團隊之分，而且由核心團隊扮演關鍵角色，做出重大貢獻。因此，如果主管每天與所有團隊成員都和諧相處，無分輕重，每當要打考績時，也不易分辨每個人的貢獻，好壞難以決定、對所有成員輕重不分，那就是還不知道如何做主管，也不知道主管的核心角色。

一視同仁，讓雞犬一起升天，有兩大壞處：（一）資源不足，所有人都無感。（二）好壞不分，讓表現佳、貢獻大的成員心生不滿，不願再全力以赴，導致劣幣驅逐良幣。

組織能給的回饋總額通常都不足，如果把回饋均分給大家，每個人得到的相對少。如果依貢獻分配，只分配給少數有明確的貢獻者，則所得相對有感，也較能發揮鼓舞效果。

主管對上就是要完成公司交付的任務，對下就是要對團隊論功行賞、給予回饋；而回饋最重要的就是分辨貢獻的大小、給予差別待遇的回饋，絕不可一視同仁，雞犬一起升天。

**後語：**

❶雞犬一起升天，是主管最常見的毛病，不分是非，不辨好壞，大家都一樣，是最大的不公平。

❷八〇／二〇原理是組織的常態，二〇%的人貢獻了八〇%的成果，如果論功行賞，這二〇%的人應該得到最大的獎賞。

# 53 挑選人才看三年

前言：

我的團隊中可分為核心團隊與非核心團隊，都是最好的人才，要成為核心團隊，都要歷經極嚴格的挑選過程，大約要經過三年的觀察與考驗，才能入選。

在一個座談會中，我談到在經營公司上，我花最多的時間在「找對的人上車」，有一個與會者問了一個問題：每個經營者都說對的人很重要，要找對的人上車，可是要如何分辨誰是對的人呢？

這是一個好問題，每一個人的方法不一樣，我的方法是「時間沉澱觀察法」，要花至少三年的時間近身共事與觀察。

如果我要內升一位高級主管，我會從被我列入觀察的中階主管中挑選，這些中階主管起碼都已經觀察了三年，對他們的個性、人生觀及能力都已有深刻的理解，並且確定已經是可能的對的人，才會雀屏中選。

我的活動範圍幾乎已接觸不到基層工作者，所以從基層工作者中挑人，是我的主管們的事，但一旦成為中階主管，就進入我的管轄和觀察範圍，我要從其中挑選未來的高階主管人選。

我的檢視方向分為三項：第一項是個性。個性又可以分快慢與軟硬，快慢指的是做事及做決定的速度，是明快果決的人呢？還是緩緩而來的人？快與慢沒有好壞，但代表不同性格。

至於軟硬，則是心性。同理心較高的人心軟，較能理解體會別人的心情，做起事來比較會受別人影響；反之則心較硬，較自我中心，做起事來較決斷，這兩種也沒有絕對的好壞，只代表不同的兩種個性。

第二項是價值觀。個性是與生俱來的，是天生的本質，而價值觀則是後天的教育和學習，所形成對外在世界的看法。又可分為對人與對事，看人是性善還是性惡，與人相處要誠懇還是權謀，要小氣還是大方，要感恩回饋還是過了即忘，這些都是對人的價值觀。

對事則包括相信努力還是運氣；相信全力以赴，還是淺嘗即止；相信萬事皆有報，舉頭三尺有神明，還是是非不明，事理不分。

第三項才是能力。能力是看人最容易檢查的一項，通常有客觀標準可以檢查，而且很容易從工作中去檢視。

經過三年的檢視，對這些中階主管我都已經有了深刻的了解，哪些可能是對的人，也就不難分辨了。其中個性的部分，沒有絕對的好與壞，完全要看上級主管的需求，來決定要用什麼樣的人，有時用的是和主管個性相同的人，取其同質，配合度高；有時用的是個性不同的人，取其異質可互補。

這是內部挑選人才的做法，要近身觀察三年，如再加上他之前升成中階主管的時間，那麼進公司的年資就要更長了。

如果人才是外求，我通常也要經過數年的觀察，在觀察期間，我會透過各種管道去理解這個外部人才的作為，並設法製造各種近身接觸的機會，比較深度地與其交換意見，以了解其個性。絕少一接觸就相信對方是對的人。對的人是時間考驗出來的，沒有三年，不能決定。

**後語：**

❶工作者只要成為我團隊的一分子，就進入自動的檢核過程。第一關是檢核能力，在工作中是否能夠把事情做好，從工作成果和工作品質，很容易就可以看出工作能力的好壞。

❷檢核的第二關是價值觀及品格，這也是最重要的一關，價值觀主要觀察人生態度是否正向積極，做事是否全力以赴；而品格則是個性是否誠信、正直，絕不說謊，品格與價值觀是較諸能力更重要的考核。

# 54 連哄帶騙，拐一個人來

前言：

好的人才難尋，只要遇到好的人才，就要想盡辦法把他找進公司裡來，我曾經為了找來一個好的人才，經歷了數年的溝通、交往、說服，終於成功，而這個人才，也為我們公司創造了很好的業績表現，為公司賺了許多錢。所以好的人才需要花心思經營、爭取。

我曾新創一家公司，連續很多年賠了很多錢。我仔細檢討這個團隊，發覺團隊缺乏一種關鍵人才，導致公司一直無法突破。只可惜這種人才在市場上十分稀有，而就算有，以我們公司當時處境艱難，也付不起高薪，請不到人才。

後來我發覺一位這種人才，他是一家公司的總經理，我知道我一時三刻請不動他，但先做朋友總行吧！於是我想盡方法接近他。他會到的公眾場合，我一定到，還必定找機會聊天，以增加彼此的認識。

他的公司請我演講，我一口答應，還買一送一，針對他們的需求量身訂做講題，現場還送書，總之一定要讓他們滿意。

我也不時邀好友聚會，請他一起來。對他的專業，我也不時專程請益。剛開始他勉強應對，但日子久了，我的誠心打動他了，他就知無不言，言無不盡，我們真的變成熟人了。

就這樣過了三年，後來他因故離開那家公司，我熱誠邀請他加入我們公司。事實上在他還沒離開那家公司時，我就不時表示仰慕、求賢之意，而他一旦離開，我就更加全力三顧茅廬，我的誠意終於打動了他。

事實上我除了誠意之外，我還答應一個當時我們負擔不起的薪水，這才能匹配他的能力，也才請得動他。

當時雇用他的單位承擔不起他的薪資，於是我用集團的名義，把他放在集團總部付薪水，這樣求賢行動圓滿完成。

我的一生中，經常遇到處境艱難時，而缺乏關鍵性人才又是處境艱難最困難的問題；團隊中就是缺乏某一種關鍵人才，變成全公司最無法突破的瓶頸，這時候我們該怎麼辦？

「連哄帶騙，去拐一個人來！」說穿了這就是唯一方法。

連哄帶騙去拐人，這只是形容的江湖話，指的是要想盡方法，要持續鍥而不捨，要上窮碧落下黃泉去找到對的人。用的當然是真心誠意，正派的邀請，哄騙是不可能找到人的。

關鍵性人才，通常都是能人異士，世上少有。這種人識見不凡，個性特異，物質要求也高，通常只有績效良好的公司請得起。處境艱難的公司想要找到這樣的人才，幾乎不可能。

如果要找到這種人才，必須有四種要件：人情加上誠意，再配合理想加上物質條件。有了四項要件還未必能成，還要加上時空環境的機緣巧合，所以通常要長時間等待。

尋找關鍵人才一定要主事者親力親為，這才有人情、見誠意，而且一定要一試不成，一而再，再而三，三而永不放棄。最後誠意可以感動人。

而談到具體的工作，一定要有崇高理想，不僅只是賺錢，當然合適的物質回報，也是必然的，不可只是空談理想。

有了這些條件，就只剩時間的東風了，機緣對了，我們終究可以「拐」到一個人。

**後語：**

❶好人才通常有特殊的脾性，絕非只講究物質條件，因此有時候，物質條件反而不是最重要的關鍵，訴求工作上的理想，有時反而能打動人心。

❷尋找好人才，耐性有時也是關鍵因素，不只是在人才工作異動時表示關心，就算人才已選擇了新工作，我們也要表示祝賀，並在一旁默默表示關心，慢慢等待機會。

# 55 別澆熄員工的熱情

前言：

員工的熱情，是組織的重要資產，而員工的熱情，需要主管有心地慢慢呵護培養。當員工主動提出創意時，主管一定要表示肯定和認同，當員工不甚高明的創意，都被嘉許時，所有的工作者都看在眼裡，知道任何創意都可以提出，不用有任何顧慮，這才會激起員工的熱情。

有一位年輕的同事，主動向我提出一個創意，這個意見過去已經在組織中嘗試過，雖然他提出的想法與過去做的並不完全一樣，但我的主管們都直接認為並不可行，想直接回覆拒絕他。

我要求主管絕對不可以這麼做，否則這位員工一定會充滿挫折，從此斷絕主動積極提出創意的習慣。我要主管慎重其事地召開會議，將此創新訴諸討論，並在開會前先表揚提出創意的員工，讓所有人都了解公司鼓勵有想法、主動提創意的同事。

在開會討論的過程中，主管要注意與會者的發言，只能就事論事，對創意的每一個環節提出意見，絕對不可以對創意的高明與否，提出批判，以避免傷害當事人。

主管回應我，這個意見看來並不高明，為何要如此大費周章處理呢？

我的說法是：員工的熱情是寶貴的資源，一定要小心呵護，絕不可以有任何不正確的回應，直接澆熄員工的熱情；逕行駁回就是最大的打擊。尤其此案是員工主動提出，顯示出他對公司的關心，而且過去我們公司員工主動提案一向不多，我們更應該珍惜。

主管還是質疑，認為如果我們要積極回應，也要選一個看起來較可行的意見，這樣才不致白費功夫。

我的回答是：就是因為此案並不高明，我們的積極回應才會有更好的效果。員工為何不敢提創意？最害怕的就是創意可能不高明，貽笑大方，而公司對一個看起來並不高明的創意都如此認真對待，絕對可以解除員工害怕創意不高明的心防，讓他們勇於效法。

我一向非常重視員工的工作態度，如果員工對工作有熱情，就會積極投入工作，期待完成高水準的工作表現，也提高個人的自我實現；如果對公司有熱情，就會把公司視為自己的，看到有任何問題，都會主動提出改進意見；對現有的工作方法，也會尋求更佳的工作流程，以提升效率，降低成本費用。

然而，員工的熱情，必須要在組織中適合的環境下，才能發揮，而主管就是激發員工熱情的關鍵因素。

事實上，組織中一定會有態度較積極，能力較強，期待有所表現的員工，好的主管一定要在團隊中分辨出誰是這種正向的員工，然後把他們放在能發揮功能的重要職位上，讓他們負起示範作用。

此外，對員工所提出的改進意見，也要給予積極正面的肯定。主管應該要有「不論好意見，或者壞意見，只要有意見，就是好事，就值得鼓勵」的心態才是。

**後語：**

❶組織要創造一個讓員工願意提出想法及意見的環境，要鼓勵大家提出各種想法，而且不可以批評別人提出的想法不成熟。

❷主管的態度又是員工熱情的關鍵因素，對員工的意見，如果主管顯露出一絲絲不耐煩的態度，則員工必然大受打擊，從此不敢再有任何意見。

# 56 缺點改了，優點也不見了！

前言：

每一個人都有優點，也有缺點，有時候優點缺點正好是一體的兩面，既是優點，也是缺點。例如有人行動快速，決策敏捷，這是優點，但快速難免失之孟浪，則是缺點；要用一個人，就要用其優點，包容其缺點，才是正確的用人方法。

我曾帶過一個年輕記者，嫉惡如仇、劍及履及、行動快速，採訪新聞，風風火火，常有令人意想不到的表現，是我們十分看好的明星記者。

可是也因為他行動過於快速，往往打草驚蛇，許多新聞無法完整呈現。有時還會跨越別人的採訪路線，而得罪了同事。因此我設了一些規範，要他遵守，以修正其缺點。

我要求他：（一）當看到新聞，值得深入探討時，必須先向我報備，經確認之後，才能採取行動；（二）有些新聞，還要搭配其他同事一起作業，需協調合作；（三）如碰觸別人的採訪路線時，需照會其他同事。

這樣要求，主要在避免他過於孟浪的缺點。可是這樣規定之後，他的獨家新聞漸漸變少了，他完全變了一個人，原有的動力及戰力全沒了，成為一個極普通的記者。

我問他，到底發生了什麼事？他告訴我：這些規定讓他綁手綁腳，動彈不得，以至於錯失了許多的新聞機會，最後他乾脆就算了，反正少幾則新聞也不會怎樣！

我知道我錯了，為了糾正他的缺點，訂了許多規則，改變了他的工作習慣，也改變了他的工作方法，他的缺點改正了，可是優點也因而不見了。

我立即取消所有對他的限制，讓他回復之前的工作方式。我寧可他是一個戰力十足、破壞性十足的記者，至於因而產生的副作用，那就由我這個做主管的人來收拾吧！

這是我當主管的過程中，學到最重要的一課。部屬永遠是不完美的，有優點，也有缺點，主管的功能就是讓部屬的優點能充分發揮，並避開缺點。用其長，避其短，只要得到好的結果，就是最好的用人方法。

我剛當主管時，經常會對部屬的缺點耿耿於懷，心中老是想著他的缺點，心想如果他們能改掉，他們就是完美的部屬，於是我嘴巴常念著他們的缺點，要求他們改正。不只嘴巴念，我還會設下各種規則，要他們限期改正，可是效果總是有限。而最嚴重的案例，就是缺點改了，優點也不見了。

我終於體會一個事實：部屬永遠是不完美的，優點和缺點相生，許多優點，事實上也就是缺點；行動敏捷者大而化之，失諸不細心；慢工出細活者，往往錯失時機；能力超強者，可能不適應團隊作業；溝通能力強者，可能執行力不足；而執行力強者，卻又不擅於溝通。

優缺點往往是一體的兩面，擁有優點，也就存在缺點，如果要改正缺點，極可能也會一併改掉優點。

因此主管一定要習慣與部屬的缺點共存，千萬不要放大部屬的缺點，欲除之而後快，反而應該容忍部屬的缺點。主管唯一該做的事，是用其長，避其短，把部屬的優點用在刀口上，而避開其缺點，這才是最佳的用人之道。

**後語：**

❶如果優缺點正好是一體的兩面，這樣的缺點就不太可能矯正，因為缺點改了，其優點也就一起不見了。

❷如果缺點是個性使然，那這種缺點很難改變，對於部屬的缺點，身為主管只能用其長、避其短。

❸如果缺點是工作方法、工作習慣，那有可能修正。

# 57 在他的眼中，我看見亮光

前言：

老闆識人是非常重要的能力，識人不只是看能力，更重要的是看個性，看承諾，看想法，而識人可從眼睛中看到許多外表看不到的訊息。

我有許多次從年輕人的眼中看見希望，看見未來的經驗，我經常盯著人的眼睛看，眼睛會告訴我許多祕密。

大約二十年前，台灣出版市場流行網路小說，我們公司就有一個團隊專門出版網路小說，經營得很好，不斷有暢銷書出現。集團內有另一個團隊也想經營網路小說，受限於定位及專長，必須要我同意，才能做。

我找來了這個想做的主管，我告訴他：兄弟姊妹經營得好好的，你憑什麼想插一腳，我要他想清楚，才能動手做。

他回答我，他是這種小說的愛好者，從國中開始，他就每週去出租店借羅曼史小說來看，平均每週要看兩本，一直到現在仍然如此，對愛情小說的故事、劇情，寫得好壞，他瞭如指掌，而網路小說就是校園愛情，他自認為自己對此十分了解。

在說話中，我在他的眼中，看見了亮光，帶著信心、把握與自信。

我同意他可以做網路小說，但還是不免要告誡他：人醜無罪，出來嚇人有罪，只要一做不好，就要自動停止，不要歹戲拖棚！

他出的第一本網路小說，就是後來知名的暢銷作家藤井樹的書，從此我們公司有了兩個團隊經營網路小說。

另一個故事是一個剛到職一年多的小編輯，平常開會時，她能侃侃而談地分析出版工作，十分有見地，頗令我另眼相看，而她編的幾本書，不論樣貌、品質都屬一流，證明她是一個有能力而且用心的好編輯。

她主動向我提出要做一系列精緻食譜書。當時市場上流行的食譜都是簡單印刷的廉價食譜，而她要做的是高價的食譜書。

我問她：何以有此想法？

她回答：台灣社會正面臨一場品質革命，任何一種低品質的東西，都會面臨高品質的挑戰，而台灣消費者正向高品質靠攏，美麗、賞心悅目的食譜必定是未來潮流。

她在說話時，我在她眼中，也看見了亮光，也帶著想望、期待和自信。

我破格把這位小編輯，提拔為總編輯，讓她負責一個新設立的營運單位，她也沒有讓我失望，她把這個新的團隊經營得很好。

每當與他人做深度溝通時，我都會盯著對方的眼睛看，眼睛代表了人的內心世界，他想的一切，眼睛會透露出真相，而一旦一個人用真心誠意與百分之百的信心說話，他的眼睛就會透露出亮光，這亮光會穿透別人的心靈，讓人相信他所說的一切。

這種亮光只有在雙方深度溝通時出現，一定是雙方針對某個議題進行較長時間的討論，並深度交換意見時才會出現，一般簡單的溝通，就算一方發出誠意的亮光，另一方也不容易察覺。

我非常注意捕捉對方眼中散發的亮光，因為這代表對方百分百相信的事，對方會全力以赴投入，讓所說的事情圓滿完成。

因此當對方的眼中出現亮光時，我也會押上我的承諾與誠意！

---

**後語：**

❶當一個人很認真地述說心中的想望時，眼睛會透露出亮光，代表他真的是十分期待，也真心想望。

❷這兩個故事，我成立了兩個新的營運單位，後來都做得很好。

# 58 被超級戰將綁架

前言：

一個超級業務員的業績，占了全公司七〇%的業績，每個月領的業績獎金超過百萬，而其他的業務員業績都不好，獎金也很少，主管面對這種狀況，該如何處理？

有一個經營媒體的同業，千方百計找到我，要請教一個十分棘手的問題：他告訴我，他的公司每個月大約做一千多萬的生意，可是所有的生意中，有約七〇%是來自一個超級銷售員，其他的三〇%則由五個營業員完成，這種狀況已經持續了一年左右，他一直想設法改變這種現象，可是完全無法改善，而且這個超級營業員的業績，甚至還有持續增加的趨勢！

我問：這種現象已經多久了？為什麼會變成這樣？

他說：兩年前他們本來只經營傳統紙本廣告，後來開始經營數位媒體，也開始經營數位廣告，這位超級營業人員是當時的新進人員，負責經營數位廣告，沒想到數位廣告快速成長，這位新進人員的營業占比日益增加，而原有營業人員受到刺激，雖也努力經營數位廣告，但因先進者的優勢，好客戶都被新進人員搶占，再加上紙媒介日益萎縮，就變成一個人業績占了七〇%，其餘所有人加起來只占了三〇%的不正常現象。

這位老闆對這位超級戰將又珍惜、又害怕。公司絕大多數業績都來自一個人，當然要珍惜，可是另一方面又害怕他有任何變動，會動搖公司的營運。

另一方面由於業績的不平均，這位超級戰將的業績獎金動輒將近百萬，也凸顯了獎金制度不合理，這位老闆也想改變獎金制度，但又害怕這位超級業務員不滿意而離職，因此一直不敢有所作為。

這是一家典型被超級戰將綁架的公司，主管想改變，卻又害怕超級戰將翻臉，因此只能持續擔驚受怕！

我的意見是：找這位超級戰將交心、溝通，以了解他心中的想法。

如果他對升官有興趣，這就容易處理，把他升成業務主管，就可以理所當然地要求他負責教會其他業務如何做數位廣告，請他把手中的客戶重新分配，他只留下部分客戶，其餘都由其他人負責。

同時也由他負責重新訂廣告獎金辦法，以更公平合理的制度來管理廣告團隊。

如果他對升官沒有興趣，只想做一個超業，領高獎金，這就要麻煩許多。

首先，主管一定不能怕得罪人，也不能怕超業翻臉走人。必須先部署好可信賴的業務人員，然後以分攤工作的名義，要超業交出部分客戶，給其他人經營，並且設計一個分享獎金的制度，凡他交出來的客戶，半年之內的業績，他仍可以分潤，以彌補超業的損失。

同時也給超業加派業務助理，以協助超業做生意，目的在了解超業如何做生意，以防萬一他離職時影響太大。

有了這些安排，就可以大膽向超業攤牌。如果他真的走人，這只是必然的結果，不必感到遺憾，早一日面對，總比晚一日面對好。

**後語：**

❶面對這種狀況絕對不可以投鼠忌器，任由其繼續如此，這樣只會越來越嚴重，問題越來越大。

❷誠心誠意的溝通非常重要，讓這位超業知道，這是不正常的狀況，一定要調整改變。而且要讓他知道，在改變的過程中，一定會照顧到他的利益，設計好回饋機制，不會讓他平白損失。

❸同時要訓練好接手的業務人才，隨時可以接手。

# 59 小心馬謖型人才

前言：

沒有才幹的人幹不了大事，也做不了壞事，但是如果有才幹但又自負、自大的人，就會有大麻煩；這種人在有小成就時，尚且會兢兢業業，小心謹慎，但稍有成就、升到更高職位時，他們的自大自負，就不自覺會顯露出來，因而就會鑄下大錯，這種人是標準的馬謖型人才。

有一個年輕的工作者，跟我一起工作很多年，學習力強，反應靈敏，獲得我極大的喜愛，許多有挑戰性的工作，我都會交給他負責，而在我的近身調教下，他也成長快速，是我極為倚賴的人才。

在一起工作的過程中，我對他唯一的顧慮是：他學習力太強，許多事一點就會，就怕他學得不夠扎實，太自負、太自以為是，以至於在關鍵時刻，犯下關鍵的致命錯誤。因此在培訓的過程中，我經常仔細檢查，不讓他一個人放手做主。

許多年後，他終於升成獨當一面的主管，剛開始幾年也都小心謹慎，交出不錯的成果。

後來有一年，他的單位提出了一個創新的專案，我也十分認同，鼓勵他們去做，沒想到他們急於推動專案，與一個協力廠商的合約，竟然就先執行，而未完成簽約，沒想到此一廠商執行一半時竟然因獲利不佳中途放棄，而我們因尚未簽約，而求償無門，最後此一專案以鉅額虧損告終。

我找來這位主管，他對著我抱頭痛哭，坦承因他的疏忽、操切，導致公司發生重大災難，願意接受公司任何處罰。

我並沒有處罰他，只要求他寫一篇深刻的自我檢討，就算結束。可是我對自己的深刻檢討才要開始。

我的檢討是：這位主管就是標準「失街亭」的馬謖，外表聰明靈敏，但自負、自以為是，經常會在小事上犯下不可思議的錯誤，而給公司帶來重大災難，在他成長的歷程中，他所表現出來的馬謖特質已經十分明顯，而我竟未能有效防範，我的錯誤罪不可赦！

組織中絕對不乏馬謖型人才，這種人才很可能會受到重用，但是在當他獨當一面後，卻會在關鍵時刻，因為大意、疏忽，而犯下不可思議的「低級錯誤」，而使公司蒙受重大損失，公司要非常小心預防馬謖型人才的災難。

馬謖型人才的特質包括：（一）聰明靈敏，學習快速；（二）因一學即會，故沒耐性虛心學習；（三）自以為是，大而化之，不在意遵守規範；（四）好大喜功，求勝心切。

符合上述四項，就是典型的馬謖型人才，馬謖型人才必須仔細調校，才有可用。

調校馬謖型人才首重耐心的磨練，要他們在學習時反覆練習，改變其速成的習性；在工作中要求其事先報告、事前檢查，增強其嚴謹度。更重要的是在做事時要求務必事前做最壞的打算，確定就算失手，仍能有效善後，才能放手一搏。

除此之外，最重要的是要挑明講，告訴這種主管，讓他知道他是馬謖型人才，有在關鍵時刻犯重大關鍵錯誤的基因，請他務必以此為念、以此為戒，越是關鍵時刻越要小心謹慎。我對我的主管就是忘了挑明說，沒讓他知道自己是馬謖，百密一疏而犯下錯誤。

**後語：**

❶馬謖型人才是天生的，他們的自負來自內心，雖然長官的告誡，會讓他們暫時收斂，但是日子一久，他們又會露出馬腳。

❷馬謖型的人才一定不可讓他獨當一面，只能做副手。

新商業周刊叢書BW0784C

# CEO徹夜未眠真心話
## 我如何在困難中摸索、思考、突破的內心告白

作　　者／何飛鵬
文字整理／黃淑貞、李惠美
校　　對／徐惠蓉
責任編輯／鄭凱達
版　　權／吳亭儀
行銷業務／周佑潔、林秀津、黃崇華、賴正祐

總 編 輯／陳美靜
總 經 理／彭之琬
事業群總經理／黃淑貞
發 行 人／何飛鵬
法律顧問／台英國際商務法律事務所　羅明通律師
出　　版／商周出版
臺北市104民生東路二段141號9樓
電話：(02) 2500-7008　傳真：(02) 2500-7759
E-mail: bwp.service @ cite.com.tw
發　　行／英屬蓋曼群島商家庭傳媒股份有限公司　城邦分公司
臺北市104民生東路二段141號2樓
讀者服務專線：0800-020-299　24小時傳真服務：(02) 2517-0999
讀者服務信箱E-mail: cs@cite.com.tw
劃撥帳號：19833503　戶名：英屬蓋曼群島商家庭傳媒股份有限公司城邦分公司
訂購服務／書虫股份有限公司客服專線：(02) 2500-7718；2500-7719
服務時間：週一至週五上午09:30-12:00；下午13:30-17:00
24小時傳真專線：(02) 2500-1990；2500-1991
劃撥帳號：19863813　戶名：書虫股份有限公司
E-mail: service@readingclub.com.tw
香港發行所／城邦（香港）出版集團有限公司
香港灣仔駱克道193號東超商業中心1樓
電話：(852) 2508-6231　傳真：(852) 2578-9337
馬新發行所／城邦（馬新）出版集團
Cite (M) Sdn. Bhd.
41, Jalan Radin Anum, Bandar Baru Sri Petaling, 57000 Kuala Lumpur, Malaysia.
電話：(603) 9056-3833　傳真：(603) 9057-6622　E-mail: services@cite.my

封面設計／FE設計葉馥儀
印　　刷／鴻霖印刷傳媒股份有限公司
經 銷 商／聯合發行股份有限公司　電話：(02) 2917-8022　傳真：(02) 2911-0053
地址：新北市新店區寶橋路235巷6弄6號2樓

■2021年10月5日初版1刷
■2024年2月7日初版6.5刷

Printed in Taiwan

城邦讀書花園
www.cite.com.tw

**定價450元**

ISBN: 978-626-7012-72-7（紙本）　ISBN: 978-626-701-275-8（EPUB）

國家圖書館出版品預行編目（CIP）資料

CEO徹夜未眠真心話：我如何在困難中摸索、思考、突破的內心告白／何飛鵬著. -- 初版. -- 臺北市：商周出版：英屬蓋曼群島商家庭傳媒股份有限公司城邦分公司發行, 2021.10
面；　公分. --（新商業周刊叢書；BW0784C）
ISBN 978-626-7012-72-7（精裝）
1. 企業領導　2. 組織管理
494　　110013807